数学をいかに教えるか

志村五郎

筑摩書房

はじめに

　これは前著三冊『数学をいかに使うか』,『数学の好きな人のために』,『数学で何が重要か』の続編である．もうこのたぐいの本を書くこともあるまいと思っていたが，いくつかの気になることがあり，坐視できないような気分になって書き始めた結果が本書である．数学以外の気になることもかなり入れた．その中には読者を驚かせるものもあると思う．

　上記の三冊はそれぞれ［使］,［好］,［重］として引用する．［重］の訂正が最後の章にある．最後の附録2は筆者の個人的体験で，教え方とはあまり関係なく，いわば楽屋裏を見せたようなものであるが，じゃまにもなるまいと思って書いた．

　「教え方」でなく「学び方」が知りたいと言う読者があるかも知れない．しかし，私は特定の学び方などを示す能力はない．その一方教え方には，技術的で普遍性を持つものがあると思うのでそれを書いた．それが自然に学び方に通ずると思う．

　［使］に到達点でなく出発点として読んでほしいと書いた．今度のは出発点ではないだろうが，ここに示されたい

ろいろの主題を思考の刺戟剤として読者に大いに考えていただきたいと希望するものである．

　2014 年 2 月

志村五郎

目　　次

はじめに　003

0. 外国語，特に英語，の教え方 …………………… 009
1. いかに教えたか ……………………………………… 027
2. ゆとり教育から勲章まで …………………………… 034
3. 掛け算の順序 ………………………………………… 045
4. 昔の教科書からはじめて思いつく話 ……………… 049
5. 部分積分とその発展 ………………………………… 061
6. 悪い証明と間違え易い公式 ………………………… 068
7. $\zeta(s)$ の値 …………………………………………… 079
8. L-関数の値 ………………………………………… 090
9. Euler 数と Euler 多項式 …………………………… 098
10. 『数学で何が重要か』の訂正と類体論について …… 111
    附録 1. 谷山豊全集について ……………………… 115
    附録 2. ふしぎにいのちながらえて ……………… 122

文　　献　139

数学をいかに教えるか

0. 外国語，特に英語，の教え方

　この書物は主として数学に関する話をするのであるが，この章では外国語の教え方について書く．数学の場合と似たような，また違った問題があり，それらがすべてよく理解されているとは思われないからである．この章を一番始めの章にしたのは奇妙に思われる読者もあるだろうが，別にこれが特に読みにくいこともなかろうし，何の計算もせずに抵抗感なく受け入れられるだろう．それにちょっとした引用の都合もあったのでこうしてみた．いわば落語の「まくら」のような物だと思って読んでいただきたい．

　まず英語を少しずつ小学校五，六年から教えるのはよいと私は思う．ただできるだけの事をして多くを望まないことである．もっともこれは英語でなくても数学でもどの課目でも言えることであろうが，つまり無理を言わないということである．

　も少し上のレベルで大学までの英語教育でよく言うのに10年やっても日常会話もできない．だからそれができるように会話を重視して教えるべきであると言う．これはもっともらしく聞えるが私は反対である．誰に教えるかによる．

会話を誰もが必要とするか．これは何とも言えない．もうひとつ，これが重要な点であるが，「読み書きはできるが会話ができない」と言ったらそれは大間違いである．「読み書き」もできないのである．そのことをまず認識しなければならない．読み書きがある程度できれば会話も自然にできるものである．世の中には自分でかなり（英語でもフランス語でも）できると思っているらしい連中がいて，その連中の迷訳誤訳が非常に多い．これは私が言うまでもなくおそらく誰でも知っている事実だと思う．

こういうことをはっきり筋道を立てて論ずるのは困難なので，私の出くわした事実を散漫に書きつらねて見る．

私は昔の府立四中で英語を教わった（1942-46）．いわゆる名門校のひとつであってレベルは低くはなかったがそれでも問題があった．そこで教わった間違いのひとつに parent がある．これはいつも parents と複数にして両親の意味であると教わったがこれはウソで，a parent は親，父親か母親か，とにかく一方の親の意味で使う．

A，B，C and D のような場合 C のあとには comma をつけないと教わった．今でもそう教えているかも知れない．これはつけてもつけなくてもよく，ただ一方のやり方にきめたら一貫してそのやり方に従わなくてはいけないだけの話である．新聞ではつけない．スペース節約のためである．学術図書，雑誌ではたいていつけるがそこの editor がきめる．

英和辞典のひとつにこんなことが書いてあった．"That

is a good question" は「教室などでしばしば難問に対して時をかせぐために使われるきまり文句」とあった．いったいどうしてこんなことを書いたのかふしぎな話である．だいいちそう言ったところで大した時間もかせげないではないか．これは日常会話では「それは確かに問題になり得る．（だからよい質問とも言える）」ぐらいの意味で使うのが普通である．

　中学では最上級にはばがあることを教わらなかった．The tallest student in the class というようにただひとりまたはひとつにきまることだけ教わって one of the best students のような場合があるとは教わらなかった．いずれそういう表現に出くわすから教えなくてもおぼえるとも言えるが，この最上級の使い方にいろいろあることは usage の本を見れば詳しく書いてある．

　教わらなかったことに同じ綴りの単語にいろいろの意味があり時によると発音が違うこと．たとえば by には「によって」だけで「までに」という時間的用法があることを教わらなかった．

　close にはクロウズで閉じる意味とクロウスの接近したという意味があること，だから close-up は後者のクロウス・アップで国語の中で使うクローズアップは正しい英語でないこと．

　これらはいわば周知で，受験雑誌にも書いてあるからこの辺でやめるが発音とアクセントのことをちょっと書く．

　　image,　reference,　representation,　operator,

exhibit, exhibition

これらの言葉は数学にもよく出て来る．正しい発音を辞書を調べて見て，「おやっ」と思う読者が何パーセントいるだろうか．

英米人の書いた物の中には英語がいかに論理的な整合性のある言葉であってそれを理解しないで間違える日本人を馬鹿にしたものがあるが，それは大間違いである．

たとえば an advice とか a furniture は間違いで a piece of advice, a piece of furniture と言わなければならない．しかしその後者の表現があるということは，ひとつの忠告，家具一個という概念は英米人にもあるわけで，それを日本人が an advice とか a furniture と言いたくなるのは甚だ論理的でも自然でもある．ただ英語の正しい表現ではないというだけの話である．日本人の立場からすれば advice とか furniture をいつも集合的にしか考えられないのがふしぎである．

別の例として a slap in the face と a slap on the wrist とあって in と on の違いがある．これもなぜそうなのかの説明はできるであろうが，ただそういうものだとしておぼえた方が早い．

This theorem is on page X あるいは This theorem is in book A と書く．だから This theorem is on page X of book A と書くが This theorem is in book A, page X となる．ここにはいちおう規則があるが，動物の雌雄など英語は複雑である．fish は単数か複数か．これらの点につ

いては日本語の方が英語よりははるかに整合性がある．と言っていばってもしょうがない．

時代によって変るというのがある．昔よく問題にしたのは"It is me"と"It is I"で，後者が正しく，前者は文法的に正しくない俗語であるとしていた．現在では"It is me"が普通でそれでよく，"It is I"はわざとらしい感じがするらしい．しかし"It is him"はやはり俗語的で「あいつだ」という下品な感じがあるという．

もうひとつ私が中学で教わらなかったことにcannotがある．can notだけを教わって，ずっと論文などではcan notと書いていて文句は出なかった．実際長い間どちらでもよかった．これもどちらが英国式でどちらが米国式で論者によるとそのさかさまだったりいろいろ議論したらしい．結局どちらでもよく，現在はほとんどcannotになってしまってcan notが使われることは少ない．新聞などでは組版の都合でcan notを使うが，それは別の話である．

私が中学で教わらなかったことの中にはcannotのようにその時代のせいであったものがあるが，そうでもなく当然教えるべきであったことがある．それは日本語になってしまっていてもとの意味と違うものである．スマートはsmartから来ているが，後者の意味は「頭が好い」である．「サボる」はsabotageから来ているが意味は全然違う．似たようなことでneglectとignoreの違いなどきちんと教えてほしかった．take for grantedなどもある．

俗語はあまり使わない方がよいという例がある．マイク・マンスフィールドが米国から日本に大使として着任して記者会見があった．ひと通り挨拶の演説をして終りに"Now, shoot"と言ったらしーんと静まり返ってしまった．私はこれをニューヨーク・タイムズの記事で読んだが，これはマンスフィールドがよくないと思う．たとえば映画などである人物を椅子にしばりつけて"shoot"と言ったら，日本語の「吐け」に当る．つまり「白状しろ」とか「言ってしまえ」であるがマンスフィールドの場合は「さあ質問せよ」になる．

　たぶん着任したばかりで気分が昂揚していたので，自分の国にいるように思ってそんな言葉が出てしまったのだろう．あとで気がついて注意するようにしたと思う．しかしそこにいた日本人記者すべてに通じなかったというのも変な話である．

　俗語ではないがひとつ面白い例があの藤村操の「巌頭之感」にある．彼が華厳ノ滝に投身自殺する際に樹の皮を削って書き残した文章であって，その中に
「ホレーショの哲学竟に何等のオーソリチーを価するものぞ」
というのがある．これは「ハムレット」のせりふの中にある

There are more things in heaven and earth, Horatio,
Than are dreamt of in your philosophy.
を引いているのであるが，藤村はこの英文の"your"を

読み間違えていると言った人がいる．この"your"は一般的に，たとえば「人の」とか「誰かの」という意味であって，「ホレーショ，君の」という意味ではないというのである．

そうかも知れないが，私にはそうとも言い切れないように思える．どちらでも意味に大した違いはない．彼は「ホレーショの哲学」と言うことによってハムレットのそのせりふを引用していることを示したのだからそれで筋は通っている．

私にはむしろ「を価する」というのが日本語の正しい言い方でない点が気になる．「を有する」か「に価する」が正しいであろう．たとえば「小説を読みふける」は誤りで「小説に読みふける」と言わなくてはならないようなものである．

彼は満16歳と10箇月で世を去った．ある程度にはませていたし凡才ではなかったであろうが，それこそハムレットの言う「天にも地にも人の思いもよらぬことが満ちている」ことを実感してはいず，彼が豊かな知識を有していたとは思われない．

ウソをおぼえてしまってそう思い込む例は非常に多い．三十年ばかり前私はある文章の中でカルチャと書いた．cultureのつもりである．それを編集者がカルチュアと直したのでうんざりした．そういう連中は辞書を絶対に調べない．前にほかの所に書いたように，パリの凱旋門のあるエトワル広場のことを誤まってエトワールとする人が非常

に多い．もちろん正しくエトワルとする人もいる．なぜおかしいかと言うとこれは星の意味の étoile から来ている．一方 soir（スワール）とか noir（ヌワール）はそれでよく，oir と oile とは発音が全然違うので同様に発音すべき理由はない．

　エトワールと書いているひとりにある仏文学者がいて，ここでは単に S と呼ぼう．今ある美術雑誌に昔のパリの街のことを書いているが，その中で les Halles（パリの昔の中央市場，1960 年代中頃まではあったが今はない）をレ・アールとしてあった．これはレ・アルが正しく，辞書にもそう書いてある．いったいフランス語は短かく切れる発音が多いが，英米人はそれを長くのばす人が多い．たとえば画家の Manet はマネでよいのだが，それをマネーと言う．ひどいのは pas（パ）をパーと言うので何のことかわからない．日本人はその点英米人よりはよいと思っていたが S のような人がいるとは．

　一般に日本では外国語の翻訳について誤訳の指摘をすることは稀であるらしい．その理由はよくわからないが何か同業組合の不文の約束のようなものがあるのかも知れない．私は上記の文章で人の発音をあげつらったが，私にはそうしたくなる理由がある．間違ったことが世間に広まるのがとにかくいやなのである．ちょっと辞書を調べればわかることを調べもせず自分が間違っておぼえたままに（あるいは無理に間違いを発明して）書いているのがふしぎなのである．どこかの大学で教えてもいるのだろうから教師

としての責任もあるだろう．

　もっとも日本語の文章の中で言い易い方をえらぶということはある．私は Mozart をモツァルトと書く．モーツァルトと書く気はしない．フランス人はたぶんモザールと言うだろう．しかしエトワールやレ・アールはその方が言い易いという理由はない．マチネーは日本語になっているからそれでよい．

　ついでに思い出したことを書く．私は竹山道雄からケラーの "Der grüne Heinrich" を教わった．この題を単に「緑のハインリッヒ」とするのには問題があると別の所に書いた．それは grün には「緑色の」のほかにうぶな，未熟な，未経験な，生意気な，青二才の，といった意味があるからである．

　しかしその小説の中で主人公は父親の着古した緑色の服ばかり着ていて，だから級友から grüne Heinrich と呼ばれていた．だから「緑のハインリッヒ」でよいと思うかも知れないがそうではない．級友達が使った grüne にはそこにすでに，生意気な，青二才のといった軽蔑の意味が含まれているからである．当のハインリッヒとしては緑色の服を着ているから文句がつけにくいという「いじわるな」話である．だからこれをケラーの自伝と見て，自嘲の意味でそういう題をつけたと見るのが自然である．ドイツ語を話す人ならそう取るだろう．

　竹山さんからその説明を聞いたおぼえは私にはない．そのクラスではただ竹山さん自身が読んで訳すだけで生徒に

あててやらせることはなく，彼は教室で学生をきたえることには熱心でなかった．

英語でも green には未熟な，未経験なという意味はあるが，それ以上に grün のような軽蔑の意味はないように思う．フランス語の vert については grün のような軽蔑の意味はないが，別の変な性格の意味があるらしい．

家具の furniture で注意すべきことをひとつ思い出したのでここに入れておく．それは decorative art という言葉である．フランス語では art décoratif である．これを装飾芸術と訳したら間違いとも言えないが，まあ見当はずれである．それは絵画，彫刻，建築を除いた家具，食器，絨毯，壁掛け，花瓶，タイル，ドアのノッカーなど美術品と見なせるものの総称である．たぶん武器とか鎧などは入らないと思う．パリには art décoratif 専門の博物館がある．

関係代名詞の that と which（または who）の区別をうるさく言う人がいる．いま日本の学校でどう教えているか知らないが，昔から that は限定的で which は説明的であるからそのように使うべきであると教えていた．しかし今日ではどちらを使ってもよい場合が多い．ただし数学では "F is the function that has properties A and B" と言うのが普通であるが，この that を which にしても誤りではない．the function を a function としても同じである．しかし雑誌の editor などという者は偏見にこり固っている場合が多いから，the function の時は that，a function の時は which にしておけば安全であろうが，それが絶対ではない．

editor にはふた通りある．編集の責任を取り実権を持つ人．これは学術雑誌だとその名が出ている人である．もうひとつは copy editor と呼ばれて文法とか綴りを直す人物で，これがうるさい場合が多い．英文の有名小説家達はこの copy editor との闘争に多大の精力を費しているのである．

現在では，いやずっと前から that と which の区別はほとんどなくなっている．私は次の usage の本を参考にしている．

B. Evans and C. Evans, A Dictionary of Contemporary American Usage, Random House, New York.

これは 1957 年以来何度も重版されている標準的な書物である．usage の本はほかにもいろいろあるが，これが一番くせがないように思う．

この書の中にこんな意見がある．

「(that と which の) 区別をする人は，他人の書いた文章でその区別がしてあると思うべきではなく，また自分の文章を他人が読んでその区別を理解すると思うべきでもない．」

これは正当な意見であると思う．掛け算の順序（後の章で論ずる）を気にするのと似ている．ただし掛け算の順序は無視してよいが that と which を区別する人がいることはおぼえている必要がある．

掛け算については，順序に関係なく 3×5 is 15 は正しいが 3×5 are 15 とも言うらしい．しかし数学では ＝ はすべて is または equals と読むときめておけばよい．

　昔やかましく言っていたが今はそうでなくなったのに split infinitive というのがある．to understand のような to のついた動詞に副詞を入れてたとえば to clearly understand とするのは split infinitive と言って，してはいけないこととされていて今でもそう思っている人は多い．私も実はこれは好きでなく使ったことはない．しかし現在これは日常的に使われていて特に新聞などでは非常に多い．だから実際的には誰も気にしなくなったとも言えるが，年寄りの保守主義者は今でも苦々しく思っているだろう．まあ大した問題ではない．

　ハムレットの話に戻って，ホレーショの話よりもっとよく知られた彼のせりふがある．split infinitive ではないが to のついた話である．

　　　"To be or not to be: that is the question"
で，これについて思い出すことを書く．Princeton での講義の話である．ある数学的対象物，たとえば代数的多様体の特異点というものがある．大ざっぱに言ってそこで滑らかでない点と言ってもよいだろう．その特異点を除く，つまり滑らかにする操作を desingularize という動詞で表わす．それがある時講義の中で問題になって，"To desingularize or not to desingularize: that is the question" とやったら皆大喜びしてげらげら笑った．用

意していたのではなく，ふっと口から出たのであった．

しかし代数方程式でも微分方程式でも "To solve it or not to solve it: that is the question" というのは本当の話である．たとえば $dy/dx = 2y$ の解は c を常数として ce^{2x} である．そう書けば y の性質は指数関数 e^x の性質に帰着される．そのように微分方程式の解が初等関数の組み合わせで書けるならば解の性質がそれら初等関数の性質から導びかれる．だから初等関数の組み合わせで表わせなければ，その解に名前をつけて，それの性質を何等かの方法で求めればよい．Bessel 関数がよい例である．これはいろいろの形で表わされて，その性質もよく知られている．

代数方程式も性格は少し違うが似たようなものである．数値の近似解を求めることが必要になる場合はあるだろう．しかし，四次方程式が代数的に解けるからと言って，その公式を使う必要が起る場合があるとは思えない．そんな解法をおぼえさせる必要はない．ましてや五次方程式の解を楕円関数を使って書いても，それこそ骨折損のくたびれもうけである．

外国語一般の話に戻って，ともかく外国語は難かしい．もっとも日本語だってきちんと使うのはそう簡単な話ではない．政治家などはしょっちゅう言い違いをして失敗して非難されていてかわいそうである．

たとえば「君が代」の君は誰のことか．元来これは誰か身分の高い人に向って唱う祝賀の歌であって，その対象になる人物が「君」であった．その種の祝賀の歌はこのほか

にもかなりあったと思う．ともあれ誰かが「君」を天皇のことにして国歌にしたりしたのである．そしてこの歌を唱うことを強制するのだから，その愚劣さはがまんできない．

　未曾有を「みぞう」と読まなくて何か自己流に読んで揶揄された政治家がいた．しかしこれを仮に「みぞーう」とか「みぞうゆう」と読んだ所で間違いとは言い切れない．元来そう読んでいたかも知れないし，今日普通はそう読まないというだけのことである．まあ当り前の読み方をした方がよいとは言える．

　ついでにそんなことを少し書いてみよう．「論語」の第三条に曾子の反省の言の中に「人の為に謀りて忠ならざりしか」というのがある．これは曾子が人の相談にあずかって何か計画しようとするときに自分は誠実にやったろうかと反省するという意味である．この条の少しあとに「忠信を主とし」とあるが，その「忠」の意味も同じである．君主に対する忠義の意味ではない．

　論語を引いたからもうひとつ，「泰伯第八」に「子曰く，民はこれに由らしむべし，これに知らしむべからず」とある．この意味は「人民には政策に従わせることはできるが，なぜそうするかを説明してわからせることは不可能である」である．つまりこの「べし」と「べからず」は「可能」と「不可能」の意味であって「強制」の「するべきである」や「禁止」の「してはならない」の意味ではない．

　これは論語解釈の流派によるのではなく，例外なくすべ

ての「論語」の解説書にそう書いてあるはずである．「論語」の中に出て来る可（べし）と不可（べからず）は全部この可能と不可能の意味である．それは「論語」ばかりでなく「論語」と同時代の書物にもあてはまることであるが，結果的には「そうしてはならない」とか「そうすべきである」の意味になって，日本語ではそう書いた方がよい場合もある．

たとえば「晏子春秋」という「論語」と同時代かあるいは少し前の書物に「士は窮すべからず，窮すれば任すべからず」という一条があって，この窮は貧乏する，させるの意味である．だから「士は貧乏させることはできない，貧乏させるとその任にたえなくなる」となるが，結果的には「士は貧乏させてはいけない」としてよい．

「論語」という書物には実際的で現代人の生活に役に立つことも書いてある．「郷党第十」の中に孔子が生姜を食べるとあるが，これは今日寿司屋で生姜を出すのと同じ理由でその頃から生姜の衛生的効果が知られていたわけである．

漢文を高校などで教えるならば早いうちにこの「可」と「不可」の基本を教えた方がよい．唐詩などを教えてよい気分にさせるのもよいし，全部その調子でやってもよいだろう．英会話と同じことであとで使うわけではない．「市」は都市ではなく市場でマーケットであってそれは昔から現在までそうである．だから「超市」はスーパーマーケットである．

唐詩などに出て来る「多少」はすべて「どれだけ」,「いかほど」の意味である．日本語の多少とは違う．結果的に沢山の意味になるとする辞典が多いし，そうも言えるが，まずともかく「どれだけ」の意味に取った方がよい．杜牧の詩に「多少の楼台煙雨の中」とあるが,「けぶる雨の中に見える寺院の楼台がいったいどれだけあるのだろう」それで随分沢山あるなあの含意はある．この「多少」は距離にも使う．古い用例では「弓馬多少」があって，これは「武術がどれだけできるか」という質問で，問われた若者が「いやちっともできない」と平気で答えたので，問うた人がかえって感心したという話にあり，これは「南史」にある．

　英語と同様にひとつの単語，というより「字」に各種の意味がある．たとえば「子」という字で子供の意味らしいとすると，それは「子供」ではなくて「息子」である．娘は「女」である．子は第二人称の you になる．公侯伯子男の爵位の子になる場合もある．

　一枚二枚の枚は日本語では薄い物に対して使ういちまい，にまいで，紙や皿とか薄くなくても平たい物に使う．しかし中国語では何でも個体の個数に使う．漢和辞典にはそこまでしか書いてないが，実は狐などの動物の何匹にも使う．だから同じ漢字であるからといって同様に考えてはいけない．「孝子」とあったら日本語では孝行息子であるが中国では父親の喪に服している息子のことである．

　表裏は日本語だと「おもて」と「うら」であるが漢文で

は「外側」と「内側」であり「裏」は「なか」である．コインなどは日本語で「おもて」と「うら」で意味が通ずるが英語では head と tail である．head というのはコインには誰かの頭部の像があるからそれが日本の「おもて」に当るが，tail の方はそれに対してつけたのだと思うが tail が「うら」であるとは変な話である．

　調子に乗って少し書き過ぎたようであるが無駄ということもないであろう．

　タコノマクラというウニの類の海産動物がある．これは英語では sand dollar と言う．だから私は英米の知人に「君達はすぐお金のことに思いつく拝金宗だが，我々日本人はずっと詩的である」と言ってからかってやるのである．

　もっとはっきりしたのがある．それは steal という単語である．日本語で「盗む」というのは悪い意味しかないが，steal には全然悪くない意味がある．うまく手に入れる，人知れずにこっそり物にするとかいろいろある．"steal a person's heart" とか "steal a kiss" とか "steal a base" である．最後のは野球で日本語で仕方なく盗の字を使って盗塁としているが．英和辞典で steal を見れば随分多様の悪くない意味がある．これは言葉の問題以前に，盗む行為に対しての抵抗感があちらでは日本より少ないのではないかと思う．Princeton から自動車で三十分ぐらいの所に骨董屋が何軒もあって，聞いてみると「客が盗む」と言うのである．New York でも似たような話を聞いた．

ケースにはすべて鍵がかかっている．日本ではまず鍵はかかっていない．

　ともかく米国というのは，場所にもよるが，日本よりははるかに油断のならない国であってそれがsteal という言葉の用法にも現れているのではないか．私の感じではパリはもっとこわいと思う．フランスの地方都市はおそらくパリよりはよいだろう．

　こんなことを書いていてうっかりすると国粋主義者になるからもうやめるが日本人は自国内で言わば甘やかされているのだから外国に出る人は気をつけた方がよい．

1. いかに教えたか

　私は東京大学で 1952 年以降何年か微積分の初歩や線型代数を教えた．その頃は線型代数の代りに旧式の解析幾何を教える方が普通であったが，私は線型代数を易しくして教えていた．その後大阪で一年足らず，あとは Princeton で教えた．このほかに一学期立命館大学と京都大学で教えたり，短期の講義はいろいろな所でやった．だからその種の経験は豊富である．ここではその中で大学初年級とその少し上の大学院のレベルまでで気のついたことを書く．

　まず東大教養学部一年生の話にする．キャンパスは駒場にあって井の頭線の東大前の駅からすぐである．朝最初のクラスは八時半からであった．朝早いのは苦にならなかったから定刻には教壇に立って学生の来るのを待っている．その頃私は三鷹に住んでいて大沢という所からバスに乗って吉祥寺まで行き電車に乗るのであるが，冬の日に朝早く停留所に立って待っているのは寒くて辛かった．その頃は自分の自動車で来るという人は学生でも教師でもなかっただろう．タクシーでというのはあり得たと思うが．

　さて教室に来ている学生は十人足らずである．すぐ始めないで五分ぐらい待つ．駆け込んで来る連中で少しふえて

半分以上になった所でゆっくり講義をやり出す．終りはきっちりと定刻にやめる．その時にはほぼ全員いる．遅く始まるクラスで待つことはしない．

　学期末に試験をする．100点満点で50点以上なら単位をもらえる．そういう規則は数学を含むすべての課目で同じであった．49点以下なら追試を受ける．追試での点数と始めの点数の平均を取ってそれが50点以上ならよい．50点より多くても最終の成績は50点となる．

　だから私は試験問題を何とかうまく作って，最初の点数が45点以上になるようにした．それは，仮に30点をつけると追試で70点以上取らなければならない．そのように追試の問題を作るのが面倒だったからである．実際的でしかもいいかげんでなくやりたかったというわけである．同僚の教授の中には30点とかつけて結局何人も「落した」人もいる．私だって，全然やる気がなく始めから終りまでゼロというのを落したこともあるが単に点数が足りないのを落したことはない．

　フランスの大学でもHenri Cartanが良心的に採点しようとして面倒なのでWeilにこぼしたところ，「そんなのはいいかげんにやればいいんだ」と言った．これはWeilが私にした話である．しかし試験の点などというものは，それによっていろいろの権利が生ずるから公平でなければならず，いいかげんではいけない場合が多い．

　点数のことはともかく，いったいなぜ定刻に来れないのか．それがひとりやふたりでないというのがどうも気にく

わなかった．

ずっとあと 1958-59 年に Princeton の高級研究所にいてひとり者用のアパートに住んだ．二階建の二階の部屋をもらった．斜め下に平屋の家族用のアパートがあって，それに物理学者の西島和彦の家族が住んでいた．ある時西島夫人が私に「あなたは毎朝 7 時になると窓のカーテンを開けて……」と感心するように言った．下から見上げるとそれが見えるのである．見張られているとも思わなかったが「へえー」と思ったのは確かである．西島家ではどうしていたのか．西島和彦にはたしか New Brunswick のデパートに買物に連れて行ってもらったり Philadelphia 近くの大きな植物園にも連れていってもらったりした．今となってみれば（カーテンの話も含めて）皆なつかしい思い出である．

私は大学生だった頃から目ざまし時計を使ったことはなかった．パリに行ってから思いついて目ざまし時計を買ったが Princeton でもそれを使ったことはほとんどなかった．だから駒場で朝おくれて来る連中に同情心を持ったことはない．世の中の不可避の現象として受けいれただけの話である．

学校以外の会社その他の時間にうるさい所はいくらもある．将棋や囲碁の対局時間は非常に厳しいらしい．碁の某九段が対局に遅れたのか，まったく忘れたのであったか敗戦になった．しかしその九段は「そんなに厳しくしなくてもよいのに」と文句をつけていたが，誰も同情する人はい

なかった.

1960 年頃東大の三年生の代数の講義の第二学期を教えたことがある. 一学期は例の「実数論を一学期教えた」教授がやってその人が外国に行くことになったので, そのあとを私が引き受けたわけである. もちろん私が望んだわけでなく,「やらされた」のである. そこで私は学生の一学期のノートを見せてもらったが, 案の定, と言うのも変だが, 集合と写像の記号ばかりで, つまりホモロジー代数から理論を抜いて $A \to B$ と言った記号だけ残したようなものだった. そのレベルでは普通の群, 環, 体の理論を教えればよいのに, その人はしゃれすぎて内容をなくしてしまったのである.

仕方がないから私は始めからやり直した. その教授が悪いからとも言えず学生諸君は短期間に詰め込み教育を受けて迷惑したわけであるが, 何とか工夫して Galois の理論までこぎつけた.

午前に講義, 午後に演習, つまり問題を出して解かせるので, 通常助手がそれをやるが, 私は責任を取る意味で両方やった. 問題を毎週 5 題出す. そして順番に 5 人指名して次の週にやらせるが, 大体の見当をつけて自分に出来そうにないと思ったら, やりたくないと言わせた. つまりやれそうだと思った人にだけやらせた. 断った者は 1 割以下だったと思う. しかしこんなのがあった. ある女子学生を指名したらばやると言ったが次の週には出て来なかったので誰かが代りにやった. それだけでほかは全部うまく

行った.

　演習の話で思い出したことをひとつ書く．高木貞治の講義の演習で誰かが数学的帰納法を使った．すると高木は「帰納法を使うなんて素人のすることだ」という意味のことを言った．これは高木貞治追悼のある文集にその「使った」人が書いている．ただ事実として書いているのだが，納得して書いているとは思われない．まともな数学者はそんなことは言わない．「素人」などという言葉を出すのは間違っている．

　講義で自分の準備したことでまずい点に気がついたり，わからなくなったりして立往生したという経験のある人あるいはそれを見た人は多いだろう．これを避ける簡単な方法がある．講義を一回分でなく少なくとも二回分は用意しておく．そして教室でまずい所に気がついたら，ここはこの次やると言ってその先をやればよい．それだけの話である．

　「例の教授」の話であるが，いつまでたっても教室に現れないので誰かが教官室に行ってみたらその日にする定理の証明がわからないので苦しんでいたという．ともかくふしぎな人であった．

　学生に自主性をもたせるやり方にこんなのがある．1997 年に立命館大学で，2 コース教えた．コース毎に英文の講義録を作って学生に渡しておく．定義，定理，証明，練習問題で，証明は 90% ぐらいにしておく．英文なのは私が tex するのにそれしかできないからである．

最初は私がやってあとは交代に学生に講義させる．練習問題の所に来たらそれもやらせる．誰がやるかは学生の間で相談してきめさせ，私はそれに干渉しない．ただひとり責任者をきめて，次に誰がやるかは必らずきめさせる．ときどき私がパースペクティブを与える話をする．

　コースの成績は一回でも講義した者は優，しなかった者は最後に問題を何題か解かせて提出させ，それがよければ良で，可はなし．まずうまく行って学生も楽しんでやったと思う．

　これはその前に Princeton で似たような方法で何回もやったことがある．それに思いついたのはそういう tex のファイルを何種か持っていたからである．

　私はコンピューターで tex をおぼえてからは自分の講義のノートは tex のファイルで作るようにした．問題集も同様である．同じことを講義するのにもまた修正するのも容易である．だから思いついて学生にやらせて見ることにしたのである．いったんそういうファイルを作ればあとは簡単になり，自分用の時間がふえる．

　私は「はじめに」に書いたように学問の仕方はこうせよなどと人に言う能力もなくその気もない．せいぜい「仕事をやめて vacation に行く時には，それまでやったことを整理しておいて，また始める時にまごつかないようにしておきなさい」ぐらいである．もうひとつ，「あまり狭くしないで手びろくいろいろ学んでおきなさい」ぐらいであろうか．人には人それぞれのやり方がある．

2000年の春にパリで講演会があった．私も招待された講演者のひとりでしかも最年長者であった．私の講演の終ったあとで司会者が「ここでひとつ何か若い人達への忠言をのべて下さい」と言った．私には何の用意もなかったが前からぼんやりと考えていたことを言った．"Don't prove anybody's conjecture!" すると皆がわあっと笑った．これには例のconjectureもからめてはいるがそうでない一般的な意味が主である．つまりHamletの言う如く，天にも地にも誰かの哲学などでは思いも及ばぬ数学があるので，ホレーショか誰かのconjectureなどはやりたい奴にやらせておけばよいのである．読者はこの「ホレーショ」のところに適当な数学者の名前，たとえばGrothendieck，を入れてみて楽しまれたい．

2. ゆとり教育から勲章まで

　数学は教え方をうまくすれば誰にでもわかるように教えることができると言う人がいる．数学と言うより算数だけのことで，中学二年ぐらいまでのことかも知れない．私はそれ程楽観的ではない．算数に限らず，世の中には物事を学ぶ気のない人もいれば，どう教えてもできない人がいるので，それは仕方がない現象であると私は思っている．あまり偽善的なことは言わない方がよい．

　私が小学五年か六年の頃体操で「跳び馬」をやった．ある距離を走って行き，木馬に手をついて飛びこえるのである．するとどうしても出来ない生徒がひとりやふたりはいた．木馬の上にまたがってそこで止ってしまうのである．何度やってもどう教えても出来ない．

　算数は跳び馬よりはよいかも知れない．跳び馬は一生出来ない人がいるかも知れないが，算数は分数の四則ぐらいは時間をかければ，病理的な場合を除けば誰でも出来るようになるとは考えられる．しかし高校程度ではどうか．また時間がかかり過ぎる場合もあるだろう．

　おそらく今の公立学校の教育はかなり実際的になっていて，「落ちこぼれをひとりも出さないように」などとは考

えていないだろうとは思うが，果してどうだろうか．私は落ちこぼれは不可避であると思う．

　もうひとつ，やりたくない者をやりたくなるようにすることは困難で，それは別の問題である．普通の教育技術というのはやりたい者だけを相手にしているのである．公文式とか鈴木ヴァイオリンがそれである．

　ここで「ゆとり教育」の話にしてみる．今は「脱ゆとり教育」の時代であるらしい．ゆとり教育を言い出した人物のひとりはかつて文化庁長官であった．ある時ザルツブルクを訪れ，知人から Magic flute の切符をもらってそのオペラを観た．少しも楽しめずに「何しろ台本がまずい」と言った．これは伝聞ではなく，本人が書いたことである．

　この偉大なオペラについてはほとんど言いつくされてしまっているが，読者の注意を喚起するために Mozart 自身の言葉を引いておこう．以下 Alfred Einstein, Mozart: His Character, His Work, 1945 の浅井真男訳の p.643 から引用する．

　……彼はサリエリとカヴァリエリ嬢をオペラに連れて行った．すると，「二人ともどんなに丁重だったか，――わたしの音楽だけでなく，リブレットもなにもかもひっくるめて，どんなに彼らの気に入ったかは，あなたにはとても信じられないでしょう．――彼らは二人ともこう言ったのです，これはオペローネです，――最大の祝祭のおりに最大の君主のまえで上演するに価いするものです，と」……

　A. Einstein はこれが象徴的に Mozart の最後の作品で

あるとして，その中に人類の戦いと勝利を見出している．

　台本がどうのという問題ではないのである．だからこのオペラについては歌手の出来がよかったかどうか，演出がどのようであったかを論ずればよいのである．常識的に考えれば，ザルツブルクのことだから歌手も一流どころを集めたであろうから，歌手の出来よりは演出がどうだったかの問題になるだろう．演出が私の趣味ではなかったぐらいのことなら誰でも言う．そのぐらいのことも言えず，「何しろ台本が悪い」とは折角の切符もまさに猫に小判，豚に真珠になったわけである．

　Mozart の音楽が「お子様向き」であるとされていた時代があった．そう思った人は私より前の世代に多かったが，ふしぎなことに私より若い世代にも内外を問わずかなりいる．世の中は進歩しないものである．

　だからこの文化庁長官が何の知識もない事柄について人を失笑させるような意見を言う自尊自大の人物であることは明らかで，そんな人の言うことに振り廻されたのは迷惑至極のことであった．彼は「自由に学習する時間を与えてエリート教育をする」とも言ったらしいが，そんなことはできないのである．実地の経験のある人ならよく知っている．

　何度も言うが，やる気のある者はやる．自由時間を与えようが与えまいがやらない者はやらない．仮に自分で学習したところで，たいていはそのコースを学習するだけの話である．それはエリート教育でもなんでもない．だからゆ

とり教育をして試験をして点数の平均を取ったときにそれがあまり下らないことはあり得るが、それは意味がない。

教育というものはその対象になる人々のレベルによってやり方を考えなければならない。しかし、そのレベルが均一でない公立学校で教えるならば、教える事柄はともかく教えなくてはならない。全部がついて来ることなどを目標にしてはならない。

もうひとつ、創造性を養成することができるなどと思わない方がよい。創造性などというものはほとんど人の生れつきのものであって、教育の仕方などではどうにもならないものである。もっとも創造性を重視する環境をつくるぐらいのことはできるだろう。「学問的好奇心」も似たような性格がある。

それから、人は何かの試験に合格してよい学校に入学する、あるいはよい会社に入れるという「ごりやく」のために学ぶのは熱心であるがそうでないことにはあまり熱心でない。

早い話が私が書いたちくまの数学の本は今書いている本を含めて四冊であるが、読んでもそういう「ごりやく」になる部分はほとんどない。それでも買って読む人がいることで私は満足すべきであるかも知れない。しかし、単に目を通す以上に、きちんと練習問題もやってみようという人がいったいどれだけいるだろうか。私の「抜き取り検査」によると非常に少ないと思われる。しかしこれを正確に知ることは不可能であるが。

たとえば［重, p.23］にある $\lim_{n \to \infty} a_n$, ただし $a_{n+1} = a^{a_n}$, $0 < a = a_1 \in \mathbf{R}$, を求める問題など易しくはないが十分楽しめる問題であると思うのだが.

ひとつ悪い現象に有名大学入学に騒ぎ立てるというのがある. これは日本だけの話ではないが, 日本は特にひどいようである.

ある週刊誌は大学別高校別合格者数の表をのせて売り出している. きっとこれは商業的に成功しているのだろう. 実に下らない,「恥を知れ」と言いたくなる.

昔は官報にそれがのった. 第一高等学校の入試を和辻哲郎が受けて, 発表時には郷里の兵庫県にいたので, 町役場に官報を見に行った. 見て「すぐわかった」と彼は書いている. 名前が成績順になっていて彼は一番だったからである. 成績順にしたのはそれが簡単だからであろう, 私の一高入学の時もたぶんそうだったように思うが, 大学の時は「あいうえお」順であった. 成績順だと「オレはビリで入った」と言う人がいるわけで, それがなくなるのはさびしい気もする.

しかし官報にのせるのは週刊誌のとは違う. 後者は受験産業の中でいやな不健康な傾向を煽り立てているのである.

「先の文化庁長官」にもどると, 彼は天皇とか天皇制が大好きであるらしい. それが私にはふしぎである. 私の中学, 高校, 大学（すべて旧制）の級友など, より広く私の世代の友人はほとんどすべて天皇や天皇制が嫌いである.

この人物がそうでないのは，そこにゆとり教育などという愚劣かつ偽善的なことを言い出す心の偏向が根本的にあるのではないか．

その関連はともかく，この人物をはなれて一般論にすると，まず今日の人々が思っている天皇制とは明治維新以来のものであって，千年もそうであったのではない．古い話はやめて，政治制度としての天皇制は 1868 年からあとの十年ばかりの間に作り出した「変な物」であって，それを有難がる必要はまったくない．

とにかく作ってしまって，いろいろな矛盾を引き起した．たとえば現天皇だってその犠牲者のひとりである．多大の公務に追われてお気の毒と言うほかはない．私が問題にしたいのはその前の裕仁である．私は彼に戦争責任があることをあっさりと私の『記憶の切繪図』に書いた．それにつけ加えると彼は未だかつて日本国民に，「あんな戦争に国を引きずり込んで敗けて，誠に申し訳ない」と謝罪したことはない．それをしなかった卑怯者である．

彼がいわゆる「終戦の御聖断」をしたことをみとめて評価すべきだと言う人がいるが，これも間違っている．もっと早くやめるべき戦争を引きのばした責任の多くは彼にある．「もう一戦して米軍をたたいてから」と言ったのは軍人達だけではない．私は歴史家ではないから正確な日時は忘れたが，敗戦六箇月前頃にも彼は「もう一度」と言ってチャンスをのがしている．そのために多くの人命が失われた．いずれにせよちゃんと調べて物を言うべきである．と

ころが天皇の好きな連中は自分に都合の好いことだけ拾い出して，都合の悪い所には目をふさぐのである．もうひとつ，天皇や天皇制が嫌いだと書くと，攻撃されるが，好きだと書いても攻撃されないらしい．本の話にすると売れるか売れないかということか．

天皇が終戦をおくらせたことはソ連が勝手なことをするのに十分の時間を与えたという事実がある．もし三箇月前に戦争が終っていたら朝鮮の状況も違っていたであろう．天皇だけの責任ではないが，彼をたたえる前にその点も論ずるべきである．

「戦争犯罪」という言葉にも大きな問題がある．これは戦勝国が戦敗国に対して作った物である．日本が敗戦を認めた時の条約には，日本は戦勝国の戦争犯罪を追及できないという条項が入っていた．彼等はずる賢いからちゃんと忘れずにそれを入れておいたのである．ソ連もそれを知っていたから日本人をシベリアで酷使することに何の遠慮もなかった．

そういう大前提があったことを忘れてはならない．実際日本の非戦闘員に対する攻撃はかなりあった．自分達の戦争犯罪は棚にあげて勝手にきめた戦敗国の「戦犯」を死刑にしたのである．それが正義か．私の英文の"The Map of My Life"に広島長崎への原爆投下の非人道性を書いた．この著書は米国でかなりよく受け入れられたが，その点について文句をつけた人はいない．

この本に私が1984年に北京，西安，上海を訪れた際の

2. ゆとり教育から勲章まで

印象が書いてある．特に p.152 に「その国では現在数学者がそれなりに敬意をもって扱われてまともな待遇を受けているとは思われない」と書いた．しばらく前に，「その意見はまったくその通りだ」という E メールが中国本土の人から来た．

しかし，この「大前提」を問題にした日本の評論家を私は知らない．竹山道雄は戦争裁判の不当性は論じたが，この「大前提」に言及はしなかったのではないか．

言っても今さらどうにもならないことでも言わねばならぬことがある．誰か取りあげてこの問題を論ずる人が出て来ることを私は望む．

天皇で思い出すのは勲章である．裕仁が天皇であったときの写真には彼が数多くの勲章を佩用しているものがある．たしか大正天皇の写真でもそうであったように思う．明治天皇についてははっきりしない．

勲章の始まりは恐らくナポレオンがレジョンヌールを作ったのがそうだと思われるが，彼が自分でそれを佩用したとは思われない．日本の場合勲章は天皇が臣下に与えるものであって，自分がそれをつけるというのは滑稽である．

現天皇はつけていないがそれが当然である．しかし今日でも勲何等とかいって人に授与しているが，あれは失礼千万である．「お前にはこの位でよかろう，名誉に思え」と人に等級をつける．何の権威があってそうするのか．人を馬鹿にした話である．断わればよいと言うかも知れない

が，断わる以前の態度が失礼だというのである．よほどくれたければ等級なしにすればよい．

　カンにさわるのはレジオンドヌールでも同じことで断わった人が大勢いる．あれはもらったら人前に出る時は少なくともその略章を佩用する義務があったのでそれを嫌った人もいたであろう．

　画家の Manet はそれをほしがったが，それは「自分の画をどうしても世間に認めさせよう」という彼の闘争の中の行為であった．結局死ぬ少し前にもらった．彼は「レジオンドヌールがなければ自分はそれを発明しないだろう．しかしそれがある以上自分は我が身を守る鎧としてそれを求めるのだ」という意味のことを言った．

　作曲家の Maurice Ravel はそれを断わった．すると音楽評論家の Erik Satie がこう言った．「Ravel はレジオンドヌールを拒絶したが，彼の音楽はそれを受け取っている．」

　これは「君はレジオンドヌールをもらおうがもらうまいが俗受けをねらった作曲家だよ」という意味に取るのが自然であろう．

　夏目漱石は博士号を断わった．しかし官立の学校で教えていたから何か位階勲等はあったと思うが私は何も知らない．その一方森鷗外は一生出世することに心がけて，死んだ時は陸軍中将軍医総監従二位勲一等功三級（実はまだあるがここでやめる）という人物であった．そのくせ変な遺言状を書いた．簡単に言えば「……アラユル外形的取扱ヒ

ヲ辞ス森林太郎トシテ死セントス……」つまり肩書き抜きにしてくれと言っているのだが，私はこう思う．

 そんなことを言ってもだめだよ．上記のような肩書きつきでそれを享受して喜んで生きて来た人はそういう人として死ななければならない．今さらそれを振り落とそうとしても世間はそう都合よくはしてくれないよ．ちょっと虫がよすぎるんじゃないかね．

 つけ加えると，鷗外は「大発見」の中で「鼻をほじくるのは日本人だけでなくヨーロッパ人もやる」と嬉しそうに書いた．しかしそこでは「人前で」という条件が完全に欠落している．つまり数学で言えば重要な条件を抜かして反例を作っているのである．彼はそんなことがわからない非論理的非科学的な人であった．

 私の家内の祖父は陸軍の軍人で日清，日露の両戦争に出て功何級かの金鵄勲章をもらっていた．年とってから風邪を引いて，「何こんなものは風呂に入れば直る」と言ってそうしたが肺炎か何かであっさり死んでしまった．その未亡人つまり家内の祖母は亡夫の勲章の年金をもらっていたが，そのお金をもっぱら芝居見物に使って，子供だった家内を連れて往っていた．だから短い期間ではあったが家内はそういう特権のおこぼれにあずかっていたわけである．だからと言って私が家内に「少しは反省せよ」と言うわけにもいかない．

 ゆとり教育の責任者も数多くの肩書きを集めているようである．それはそれとして，小説家でも芸術家でもたぶ

ん学者でも，その評価には肩書きとか「何々賞」とか勲章とかはあまり問題にならない．いつか自然に出来る世間の評価というものが一番正しい（というか，こわい）のである．

3. 掛け算の順序

　3トンの砂を積んだトラックが5台ある．砂は全部で何トンか．この問題に対して $3 \times 5 = 15$ または $5 \times 3 = 15$ として15トンと言えばよいが，どうやら 3×5 と 5×3 のどちらか一方が正しいやり方で他方は正しくないとする教え方があるらしい．私はどちらでもよいと思っているのでどちらが正しいとされているのか知らない．

　私は三年ばかり前までこの奇妙な事実を知らなかった．私が小学生であった時からその話を聞いた三年前までそんな区別をする人がいるとは思いもよらなかった．どうやら1950年代に一部の教育家が「乗数」と「被乗数」という言葉を発明して「掛け算の順序」という愚劣なことを言い出したのが始まりらしい．それを正確に調べる意味もないと思うので，単に私の立場を書く．

　その問題を示されたならば，これは掛け算の問題であるとすぐ認識する．そしてふたつの数がある．だからそのふたつの数を掛け合せればよいので，頭の中にあるのは「ふたつの数の積」という概念だけであってその順序は問題にならない．強いて言えば示された数の順に 3×5 と書くのが自然かも知れないが後の方を先に書いて 5×3 としたっ

てよい．それだけの話である．

　もうひとつの例を書く．長方形があってその一辺の長さが 3 cm であり，それと直交するもう一辺の長さが 5 cm であるときこの長方形の面積は何平方 cm か．数を示された順に 3×5 と書くのが自然ではあろうが，そうすべきであるという理由はない．三角形の面積も同じことである．底辺の長さと高さのどちらを先にするのかきめる必要はない．

　円柱があってその底面積が 3 平方 cm で高さが 5 cm であるときこの円柱の体積は何立方 cm か．高さを先に出して底面積を後にしたらどうか，乗数とか被乗数というのはこの場合どうしてきめるのか．つまり，円柱の体積の公式は底面積×高さと書くべきか高さ×底面積と書くべきか．

　ここまで書けば，たいていの読者はばかばかしいと思うだろうし，筆者はそれを希望して書いているのであるが，しつこいようだがもう少しやってみよう．始めの 3 トン積のトラック 5 台が 1 列に並んでいて，そういう列が 6 列あるとする．砂の総量は全部で何トンか．1 列で 3×5 または 5×3．だから 6 列で $6 \times (3 \times 5)$ または $(3 \times 5) \times 6$，….それともトラックが 5×6 台または 6×5 台．1 台 3 トンだから $(5 \times 6) \times 3$ または $3 \times (5 \times 6)$，….順序を気にする連中はこのうちどれかが正しい書き方でほかのはすべて誤まりであるとしたいのだろう．

　これだけ書いたら順序を気にするばからしさに気がつく

と思うが.

これでおしまいにしてもよいのだが,数の代りに関数を取って考えてみよう. ふたつの実変数の関数の積 fg の導関数の公式は通常 df/dx を f' と書いて

$$(fg)' = f'g + fg'$$

となる. ここで $(fg)' = fg' + f'g$ としてもよくまた $(fg)' = g'f + gf'$ でもよく, 全部で8通りの書き方があるが, そのどれでもよい. $(fgh)'$ の公式でも同じことである. ただ教科書などであとで応用を書くときにわかり易いようにしておく, ぐらいのことは言える.

複素解析に出てくる $\frac{1}{2\pi i}\int_C f(z)dz$ の $\frac{1}{2\pi i}$ を $(2\pi i)^{-1}$ と書かない方がよいと言った数学者がいたがそんなことはない. $(2\pi i)^{-1}\int_C f(z)dz$ でもよければ $\int_C f(z)dz/(2\pi i)$ でもよい. もちろんあまりひねくれた書き方をするのはよくないが.

単なる数の掛け算の話に戻ると, 結局どちらでもよいのにどちらが正しいかを考えさせるのは**余計なあるいは無駄なことを考えさせている**わけである. だからそんなことはやめるべきである.

ついでに書くと, 足し算にも順序を論ずる人がいるらしい. 割り算でも $42 \div 6 = 7$ を出すのに $6 \times 7 = 42$ と $7 \times 6 = 42$ のどちらを使ったかを言わせるのもあるらしい. 実に驚き入った話である.

私にひとつの提案がある. 入学試験か編入試験などで,

「この問題の中では掛け算の順序を気にする必要はない」とした問題を出してほしい.

　数学教育で昔からいろいろな場所に顔を出していて, 入門書のようなものをかなり書いた人がいる. ある国立大学の数学科の教授であったが, この人はどこかで使う目的で自分の教室での講演をテープか何かに吹き込んでいた. だから学生には教室で質問することを禁止した. これはそこにいた学生のひとりが私にした話である.

　たぶんこの人が掛け算の順序についてうるさくいい出した連中の主なひとりだと思うがその点はっきりしない. いずれにせよそんなことを平気でする人間であった. 世の中にこのたぐいのことはいくらでもあるから驚くべきではないかも知れない.

　世間の人が知っていることというのは氷山の一角に過ぎない. 私が書いていることでも私の知っていることのほんの一部である. 氷山の下の方にかくれているものには悪い事が多く, だから知らない方がよいとも言える. しかしそうとも言えない場合があって, その重要な例をいくつか後の章に書く.

4. 昔の教科書からはじめて思いつく話

　昔（またしてもあいまいな昔だが）よく言ったことにユークリッド幾何を教えるのは，数学の論理的な面を教えるのに有効である，というのがあった．中学二年ぐらいのレベルの話であって，つまりその他の数学は計算術であるのに反して，その意味の幾何にはある命題の証明がなされていて論理を組み立てる課程がはっきり現れているということらしかった．

　これは次の点で間違っている．ユークリッド幾何ばかりでなくあらゆる数学の命題は正しい論理で証明されなければならないからである．たとえば導関数の公式 $(fg)' = f'g + fg'$ も証明する必要がある．もっとも証明してしまえば計算術になってしまうが．もっと低いレベルなら多項式論をやればよいと思う．たとえば多項式 $F(x)$ に対して $F(\alpha) = 0$ ならば $F(x) = (x - \alpha)G(x)$ となる多項式 $G(x)$ があるとか $F(\alpha) = F'(\alpha) = 0$ ならば $F(x) = (x - \alpha)^2 H(x)$ となる多項式 $H(x)$ があるというような命題を証明して見せればよいのである．

　だが，と読者は言うかも知れない．「ユークリッド幾何でそれをやってもいいではないか」と．ところがそこにひ

とつおとし穴がある．数学を教えるのにいつでも実地に必要になるのは練習問題とか試験の問題である．現在高校や大学でどれだけユークリッド幾何の試験問題が出るか知らない．出ることは出るのではないか．

今はおそらく常識的に考えて，よくなっていると思うが，昔の旧制高校の入学試験にはそれがあって受験準備のために数多くの問題を解いて受験生は苦しんだのである．そして，特にこのユークリッド幾何のは人工的な難問が多くて，学んでもその後何の役に立たなかったのである．語学の受験勉強はそれにくらべればあとで役に立つこともあると思うが．

高等教員検定試験にもそれがあった．私は戦後すぐ1945年の10月か11月頃にその目的ではないかと思われる問題集の複刻されたものを手に入れて問題を全部解いた．たぶん200頁ぐらいで，だから総問題数は相当なものになる．編者は森本清吾ではなかったか．

なぜそんなことをやったか．戦後複刻された本ではそれが一番早かったからである．私は戦中から数学の本に飢えていて，うっかり飛びついてしまったのである．私は学徒動員で多少の給料をもらっていてその残りがあったのでそのぐらいの本を買うことは出来た．ほかの所に書いたW. Irvingの"Sketch Book"もそういうお金で買った．

まあ私はばかばかしいことに時間を費やしたものである．とにかくそれで数学を学んでいる気はしていたのだろう．昔中学の入学試験に旅人算や流水算を出していた時代

にはその分厚い問題集があって，それを全部解いたという人が私より四歳年長の数学者にいる．私はそれはやらなかったが似たようなものである．

もうひとつ，小倉金之助がフランス語から訳したこれもすごく厚い三次元ユークリッド幾何の本も入手して読んだがこれも下らなかった．

つまり戦後新らしい本を作るより，紙型の残っている古い本の複刻をする方が容易で，小説でもそうであった．島田清次郎の『地上』とか白井喬二の『富士に立つ影』などをおぼえている．カストリ雑誌などというのも現れたがそれはもう少しあとのことだろう．

しかしそれにしてもなぜ森本清吾や小倉金之助だったのか．微積分の旧制高校用の標準的教科書はあったが，その複刻はなかったように思う．これも「悪貨は良貨を駆逐する」たぐいか．今名前を出したふたりの責任ではなく，出版社の判断の結果であろうが．

第一高等学校に入ってからはそれよりはずっとよかった．ドイツ語を学んでからは学校の図書館で借りたり海賊版を利用したりしてドイツ語のまともな本を読んだから，私が悪貨を使っていた期間は短かかった．だからあまり文句も言えないが，それにしても変な時期だった．

ここで一般的にしてみると，「昔自分が教わったことがよくて，それを次の世代にもあてはめる」という傾向はいつの時代にもある．複刻してもしなくても，森本とか小倉などという人はそのタイプであったように見える．「ユー

クリッド幾何を教えろ」というのもそれである．

　それでよい場合も多い．あまり変なことをしない方がよい場合も多い．掛け算の順序がそれで，そんな事をある時言い出した連中が現れて面倒になった．また「例の教授」のようにやられても困る．だから微積分などむしろ昔のフランスの Jordan とか Goursat 流にやれば，大した害はないだろう．しかしそれではやはり困るのである．

　今は私の時代とは逆に本が無数にあり過ぎて困る時代であろうが根本的な所では案外変っていないのかも知れない．つまり新しくなるべき所がそうなっていないのではないか．私の「理想の微積分の教科書」については第6章に書く．私にはそれを書くだけの気力も体力もない．誰かがやってくれることを切に望む．

　教科書は普通どこの国でもその国の言葉のものを使う．スペイン東北部バルセロナを囲んでフランス南部に接する地方はカタルーニャと呼ばれ，独自の言語と文化を持ち，そこの人達はそれを誇りにしている．だから微積分の教科書もカタルーニャ語で書かれている．しかしそこの数学者が専門の数学書を書くときにもそうするとも思えない．人口がそれ程大きくないから実際的でないだろう．

　日本の人口はそれよりははるかに大きいが程度の高い数学書を日本語で書く意味はよく考えて見なければならない．いきなり「スキームの知識を仮定する」などと書くのは日本語では，いや日本語でなくとも，大いに問題がある．

4. 昔の教科書からはじめて思いつく話

　昔五十年以上前のこと，イランから来た学生の微積分の教科書を見せてもらった．ペルシヤ語で書いてあるということで，開くといきなり複雑な積分の式がでて来る．よく聞くと，日本の国語の本と同じに右から読んで行くので，数学の本もそうしてあるのであったから私はいきなり最終ページを見たわけである．

　日本では数学の本は横書きで左から開いていく．昔からそうだったのかどうか．そうでもなかったようでもあって，こんな話がある．昔裕仁天皇が皇太子であった時に御学門所があって，そこで「御学友」達と一緒に，数学も習う．特別の教科書を作って教えていたそうで，私の聞いた所によると数学でもすべて縦書きで右から書いて行く．式はさすがに横書きであるが，それが1ページのまん中に横に書いてあったというのである．これは誰かがそれらしく創作した話である可能性があるが，当時は「横書きは国体の精神に反する」ぐらい言いかねない連中がいたから作り話であるともきめられない．だいいち戦後二年もたってから国会議員に天皇の前で「蟹の横ばい」をさせようとしたのだから．その前はさせていたのである．

　そのイランの学生は東大でついて行くのは困難であったがたぶん何とか卒業したのだろう．今はそれよりはよくなっていると思う．

　中近東で私が行ったことのあるのはトルコ，レバノン，シリヤ，イランであり，シリヤを除けば大学までの教育程度は上記の時代よりはよほど進んでいると思う．シリヤに

ついては全然知らない.

　日本では外国に行かなくても数学を専門的なレベルまで学ぶことができるが，上記の国々ではそうは行かない．数学でもそれ以外でも米英独仏に留学するのが普通で，金持の子弟に限られる．シリヤの今の大統領が，父親が亡くなるまで英国で眼医者をしていたのがその例である．

　日本の場合独仏の給費留学生の制度があってそれを利用する人も多いが，そこには問題がある．フランスの場合を考えてみると，その試験に合格してそのあと本気で学問をした人ももちろんいたが，そうでなく，結局はフランス見物になってしまった人もかなりいたのではないか．始めの意図はどうであろうが．私は1957年フランスに行く前にそういう型のひとりの家に行ってカラースライドを見せてもらった．向うにはどんな学者がいてどういう仕事をしているなどという話は出なかった．だからその人の得たものはカラースライドだけだったという感じであった．

　もうひとつの型として，私大で教えていて何年かたつと，慰労というのか，たとえばフランスにある期間行かせてもらえるというのがあった．私はパリにいてそういう人何人かと会った．年も取っていて，といっても五十ぐらいだったか，語学もよく出来ず，あまりうまく行っているとも思えなかった．

　それよりは若い人をえらんで送り出して，その代りある年数その大学で教えさせることにした方が余程有意義だろう．

ついでに書くと立派な仕事をして世間で知られた人に巨額の賞を与えるというのもよい考えとは思われない．それよりはこれからという人に奨学金のようなもののやや金額の多いものを与える方がよい．もちろんあとで返さなくてもいいものである．アメリカにはその種のものがかなりある．日本にもあることはあるらしいが，小規模で，世間に広く知られているものはあまりない．

　もっとも留学生試験に合格すればそのあとはしたいようにして，人の迷惑にならなければそれでよいのかも知れないが．ただ研究者でないのに研究者のふりはしない方がよいだろう．

　日本では昔から貧乏な家に生れても，自分の努力とか助ける人がいて道が開けるということがある．それは米国でもそうであるが，どこの国でもそうであるようには思われない．特に中近東の上記の国ではそうではなさそうに思えるが．

　こう書いたついでにひとつ今から四十年以上前の日本の国のよかった話を書く．中国本土から横浜に来ていた若い女がいた．あるいは中年の女であったかも知れない．ある日自転車の後の籠に蜜柑かりんごをいっぱいのせて走っていたが，うっかり倒れてその果物が道にばらまかれてしまった．するとその辺にいた人達が何人も寄って来たので「あー，取られてしまう」と思ったが，何とその日本人達は果物を拾って籠に戻してくれた．それでつくづく日本という国はよい国だと思ってこの国に永住しようと思ったと

いう話である．嫌韓とか嫌中などと言い出すよりはるか昔の話であるからこれは私は実話であると思うし，今でも日本はその点では変っていないであろう．

あるいは日本人のお人好しを示しているとも言えるが，そのお人好しを恥ずべき理由はない．ただよその国ではそうではないことを知っておくべきである．たとえばトルコという国は日本人に好意的で，また一般に犯罪も少なく，いやな国ではないが，それでも自分の友達でない赤の他人に対しては，困っている人を助けようとする気はあまりないように見えた．それは都市であるかないかとかその他の状況によると思うが「案外不親切だな」と思ったことがある．人情という点では日本人は世界で最高の人種かも知れない．ここで日本人と書いても日本の国とは残念ながら書けない．しかし住み易い国という意味では世界最高かも知れず，それについては私の『記憶の切繪図』のp.208に書いた．

日本から欧米に行ってうまくなじめた人とそうでない人がある．すぐに思いつくのは岡倉天心で，Bostonにいていろいろ英文の著作をした．『茶の本』がそのひとつであるが，ややくそまじめ過ぎたのではないか．日本文化を紹介するのには別のやり方がある．ここで自己宣伝をすると私は英文で"The Story of Imari, The Symbols and Mysteries of Antique Japanese Porcelain," Ten Speed Press and Random House, 2008, を書いた．幸いよく売れて売り切れてしまった．茶の湯のことも岡倉とは

別の観点から面白おかしく実際的なことを書いて，あまり精神主義的でなくタコノマクラ式に書いたのである．

標準的な茶の湯という物は五人ぐらいでお酒の出るlunch partyであって，それは秀吉の頃から現在までそうなのである．そういう実際的な面が『茶の本』には書かれていなかったようで，私の本ではかなり詳しく書いた．

それはともかく，岡倉天心についてこんな話がある．彼がでていた酒の席で，ある人物が天心に向って「先生，あの連中を近づけてはいけません．彼等は諂諛（テンユ）の徒です」と言った．つまり「彼等はおべっか使いだ」と言ったのである．すると天心は「オレは諂諛が大好きだ」と答えた．これはその席にいた正宗白鳥がどこかに書いている．こういう人は私は大好きである．

向うに行きっきりになった人のひとりに森有正がいる．これはわけのわからぬ人である．私は会ったことはないが，私と同世代の人で彼をよく知っている人からいろいろの話が耳に入った．彼について書いてある物も読んだ．彼自身が書いた物は読んだことがない．評判のほぼすべては全く否定的ではないがどこかおかしい，変だ，という気分が含まれていた．たとえば独文学者の小塩節の『ドイツの四季』の中にある森有正の描写は彼の「いいかげんさ」をよく示している．まあ大した人でなく問題にしない方がよいようである．

無視できない人の例として和辻哲郎がある．彼はドイツに行ったが向うの社会にとけこめず，その地の学者とつき

合うこともせず，結局予定より早く日本へ帰って来てしまった．そして『古寺巡礼』の続きのような本を書いた．『古寺巡礼』はドイツに行く前に書いていて，私の言うのはそのような傾向に戻ってしまったという意味である．

彼は「大秀才」であって，私が『鳥のように』の中に書いた某政治学者のようないいかげんで無知無学の人ではなかった．だからもっと広い世界にはばたくこともできたように思えるのだが．和辻は若い頃小説や戯曲を書くことに興味を持っていたが，その方面での自分の才能には早く見切りをつけた．それでいろいろのことを試みたが結局日本に回帰して囲炉裏ばたに和服を着て坐るという人になってしまった．それを悪いとも言えないが何とも物足りない．

ひとつ面白い例がある．久生十蘭という作家があって 1929 年から 1933 年までフランスにいたが何しに行ったのかはっきりしない．始めの二年は物理学校のような所でレンズ工学を学んだが，結局は文学の道に進んで小説家になって成功した．それはわかっているが，その心の動きがはっきりしない．ともかく自分を発見したことは確かで，その点和辻より幸わせであったと言いたくなる．

和辻のように欧米に行っても日本に帰ると和服になってしまう人の数は多い．竹山道雄もそうであった．私の世代にはあまりいないが，私には和服の習慣はない．着たことがないと言える．あらゆる意味で実際的でないからである．

勝海舟などは随分ひらけた人であったが和服にしていた

時間の方が長かったろう．晩年は特にそうであった．官吏や軍人の制服でなくふだん着を洋風にするのはあの時代には手間がかかったであろう．海舟は晩年は江戸時代の習慣をそのままにしたような生活をしていたらしい．それに彼は女性関係が複雑で，妻妾同居で，その妾を女中扱いにしてそれでも何とかやっていたらしい．勝海舟は面白い人で私は好きだが，誰かが言ったように「奥床しい」とは思わない．

　私は和服にする気はないが何となく昔風の習慣をなつかしく思うことはある．お花見の頃郊外の小さな茶店に行くと，そこで出した物はゆで玉子ときぬかつぎであった．きぬかつぎというのは里芋の皮つきのをゆでたもので，それをむいて生姜醤油でたべる．里芋は秋に家の北側に地面を掘ってうめておく．それを「囲っておく」と言う．お酒の一本でもつけて，私より前の世代ではそれがお花見のあっさりしたやり方であった．居酒屋ではないから板わさとかそんなものはなかった．私の「日本回帰」はその程度である．ゆで玉子はどうと言うこともないが，きぬかつぎは電子レンジで簡単にできる．

　久生十蘭はパリで貧乏生活をしたらしく，それが後年の彼の作品に生かされているが，四年もいた割には時々変なことを書いている．「バルザックというワイン」などと書いているがそんなワインはない．これはバルサックの誤まりであろう．ソテルヌと同種の甘いワインで，普通食事と一緒には飲まない．もっとも飲みたければ好きにすれば

よいが.ただしレ・アルはちゃんとそのように書いてあった.ともあれ彼は私の好きな作家のひとりである.

　彼の時代には欧米に一回行けばそれだけで,もう一度行く人は稀であった.しかし世の中は変った.今日本で高級ワインを飲んでいる人はかなりいるらしい.しかしフランス式の柔かいチーズというものはまだ日本では普通の食べ物にはなっていないようである.食べなければそれでよいのに,日本のレストランではどういうつもりか,もったいをつけるのか,高級らしく見せるのか変な食べさせ方をする所がある.つまり食べる人が少ないから高くつく.だからほんの少しをもったいつけて出さざるを得ない.そういうことらしい.フランスではチーズは食事のほとんど最後,デザートの前に出すが,日本では始めにおつまみのように食べることがあって,それはしたければそうすればよい.

5. 部分積分とその発展

　部分積分の公式はどんな微積分の教科書にも書いてある．そこからちょっと進めば面白いことがあって，それを教える意味は大いにあると思う．その延長のやや高度の事柄を，［好］に書いたことと結びつけて書いてみる．基本的な考え方や証明のあらすじは複雑ではないがすべて厳密にやるのは手間がかかるからここでは大体の考え方の話だけにする．

　閉区間 $[a,b]$ で定義された実数値関数 f,g があり導関数 f',g' が存在して連続であるとする．その時

$$f(b)g(b)-f(a)g(a) = \int_a^b (fg)'dx$$
$$= \int_a^b f'g\,dx + \int_a^b fg'\,dx$$

であるから

(5.1) $$\int_a^b f'g\,dx = -\int_a^b fg'\,dx + f(b)g(b) - f(a)g(a)$$

となる．通常これは $\int_a^b Fg\,dx$ を求めるために，$F=f'$ となる f をまず求めて $\int_a^b Fg\,dx$ を (5.1) の左辺として計算するというように使う．それが普通の部分積分の公式で

ある．

それはそれとして別の考え方がある．いま $f(a)=f(b)$, $g(a)=g(b)$ としてみる．たとえば Fourier 解析でやるように f,g が周期 2π の関数で $[a,b]=[0,2\pi]$ とする場合がそうである．そう仮定すれば

(5.2) $$\int_a^b f'g\,dx = -\int_a^b fg'\,dx$$

となる．あるいは f,g が $\mathbf{R}$ 全体で定義されていて $x\to\pm\infty$ のとき f,g の極限が 0 とすれば，少なくとも形式的には

(5.3) $$\int_{\mathbf{R}} f'g\,dx = \int_{-\infty}^{\infty} f'g\,dx$$
$$= -\int_{-\infty}^{\infty} fg'\,dx = -\int_{\mathbf{R}} fg'\,dx$$

となる．

より一般に $A\subset\mathbf{R}^n$ として A における関数に作用する微分作用素 D,E について

(5.4) $$\int_A Df\cdot g\,dx = \int_A fEg\,dx$$

となるとき E を D の随伴作用素（adjoint operator）と呼ぶ．だから (5.2) や (5.3) は d/dx の随伴作用素が $-d/dx$ ということである．(5.4) における dx は A における測度を表わす．

この (5.4) については [好, pp.70-71] にすでに少し違った形で説明してあるが，重複をいとわず，もう一度書いた．そこでは $D(\sum_{n=1}^{\infty} f_n)=\sum_{n=1}^{\infty} Df_n$ が弱い条件

の下に成立することの証明に使ってある．

実はこのような考え方の背後には超関数の概念がひそんでいるので，そのごく易しい所を書いてみよう．超関数（distribution）とは大ざっぱに言えば次の通りである．まず A における連続実数値関数 f と φ に対して

$$T_f(\varphi) = \int_A f\varphi dx$$

とおけば写像 $\varphi \mapsto T_f(\varphi)$ は関数 φ に実数 $T_f(\varphi)$ を対応させる．これは線型写像である．より一般に φ に実数値 $U(\varphi)$ を対応させる線型写像 U を考え，これがあるよい性質を持っているとき，それを A における超関数と呼ぶ．そして普通の関数 f は超関数の特別な場合として T_f で表わされると考える．

超関数 U の導関数 U' は $U'(\varphi) = U(-\varphi')$ で定義する．$A = \mathbf{R}$ のとき (5.3) で $g = \varphi$ と置いてみれば $(T_f)' = T_{f'}$ となるからこの超関数の導関数の概念がこれまでの d/dx と矛盾しないことがわかり，しかもどんな超関数でも微分可能になる．

この理論を精密に展開するためにはまず φ として取るものにどれだけの条件が必要かはっきりさせなくてはならない．次に U にどういう"よい"性質を仮定する必要があるかということである．アイディアは古くからあったが決定的な理論にしたのは L. Schwartz である (1945)．

これを拡張して関数の代りに微分形式を考えて，いわば超微分形式とも言うべきものを可微分多様体上で考えるこ

とができる．これは通常カレント（current）と呼ばれる．

教科書は Schwartz のもののほかにもかなりある．関数解析の教科書に含めてあるのもある．多様体上のカレントは調和積分論の本にある．だからやや程度の高い多様体の教科書にあるかも知れない．しかし理論全体を知らないでも，単に随伴微分作用素の考え方だけを知っているだけでも有用である．［好，定理 5.3］がその一例である．

ある微分作用素の随伴作用素がそれ自身である時，その作用素は自己随伴型（self-adjoint）であると言う．つまり $\mathscr{L}$ が自己随伴型であるというのは

$$\int_A \mathscr{L}f \cdot g dx = \int_A f\mathscr{L}g dx$$

が成り立つことである．A が Riemann 多様体であって，dx がその Riemann 計量から自然に定義される A 上の測度である時，Laplace-Beltrami 作用素というものが定義されて，それは自己随伴型である．このことは Riemann 幾何の教科書の始めの 20 ページ以内に書いてある．このほかにもある．たとえば (5.4) の f を Ef とすれば

$$\int_A DEf \cdot g dx = \int_A Ef \cdot Eg dx$$

を得る．ここで f と g を取りかえても右辺は変らないから

$$\int_A DEf \cdot g dx = \int_A Ef \cdot Eg dx = \int_A fDEg dx$$

となり DE が自己随伴型であることがわかる．特に $f=g$

とおいてみると f や g が実数値でしかも D, E が実係数の作用素ならば中央の値は負にならないから $\mathscr{L} = DE$ に対して

$$\int_A \mathscr{L} f \cdot f dx \geqq 0$$

となる．Laplace-Beltrami operator かける -1 はこの性質を持つ．

一番簡単な場合 $A = \mathbf{R}^n$ で Riemann 計量が普通の Euclid 幾何の距離とする．つまり $x_1, ..., x_n$ を $\mathbf{R}^n$ の座標変数とするとき $ds^2 = \sum_{i=1}^n dx_i^2$. このとき $\sum_{i=1}^n \partial^2/\partial x_i^2$ が Laplace-Beltrami 作用素になることがわかる．それが自己随伴型であることは (5.3) からすぐわかる．

今まで実数値の関数や実係数の微分作用素を考えて来たが，複素数値や複素係数にすることもでき，応用上は普通そうする．それには $\int_A fg dx$ の代りに $\int_A f\bar{g} dx$ を考えればよいのである．

Lie 群は可微分多様体であるから，その上でもちろん微分作用素やその随伴作用素が考えられる．[好，第7章] で説明したように Lie 群 G の左からの乗法で不変な G 上のベクトル場全体が G の Lie 環であった（[好, p.104] 参照）．さて G は連結 Lie 群としてその Lie 環を L とする．この時 L の元 X はベクトル場で，それは1次の微分作用素であるが，その随伴作用素はしばしば $-X$ になる．つまり d/dx の随伴作用素が $-d/dx$ であることの類似がかなりある．それを正確にするために G

を連結 Lie 群で unimodular とする．この定義は次の通りである．一般に G には左不変な測度がある．つまり G 上の測度 λ で集合 S と $g \in G$ に対して $\lambda(gS) = \lambda(S)$ となるものがある．このとき λ は左不変であると言う．λ は常数倍を除いて一通りに定まる．一般には $\lambda(Sg) = \lambda(S)$ とならないが $\lambda(gS) = \lambda(S) = \lambda(Sg)$ が成り立つ時 G は unimodular であると言う．G が疎 (discrete)，コンパクト，可換，半単純であれば unimodular になる．$SL_n(\mathbf{R}), GL_n(\mathbf{R}), Sp_n(\mathbf{R})$ などは unimodular になるが $n > 1$ で $GL_n(\mathbf{R})$ の上半三角行列の群は unimodular でない．

さて G を連結で unimodular な Lie 群とし，Γ を G の閉部分群で unimodular であるものとする．その時 $\Gamma \backslash G$ は位相空間となり G が右から作用する．しかも $\Gamma \backslash G$ の上にその作用で不変な測度 μ が常数倍を除いてきまる．G 上の関数で Γ-不変なものは $\Gamma \backslash G$ 上の関数となり逆に $\Gamma \backslash G$ 上の関数を G 上 Γ-不変な関数と見なすことができる．f をそのような関数として L を G の Lie 環，$X \in L$ とすれば Xf もやはり Γ-不変であり，$\Gamma \backslash G$ 上の関数と見なされる．

定理 f, h を G 上の Γ-不変な関数で 1 階の偏導関数 (G の解析的な局所座標に関するもの) がすべて連続であるとする．このとき $X \in L$ に対し

$$\int_{\Gamma\backslash G} Xf \cdot h d\mu = -\int_{\Gamma\backslash G} f \cdot Xh d\mu$$

が成り立つ. ただし $fh, Xf \cdot h$ および $f \cdot Xh$ はすべて $\Gamma\backslash G$ 上で可積分とする.

これは通常 X と h の台 (support) がコンパクトの場合に与えられていて, その時は最後の可積分の条件は明らかに満たされている. 証明もその場合は容易である. それだけでも unitary 表現論などに使えるが, 他の応用問題には不十分なので上の形にした. 証明は私の論文

Differential operators, holomorphic projection, and singular forms, Duke Math. J. 76 (1994), 141-173
の Appendix の Prop. A.1 にある. この論文は私の Collected Papers の vol. IV, [94c] でオンラインで無料で見られる.

ともかく X の随伴作用素は $-X$ ということで, だから L の包絡環 (これは [好, p.106] にある) の中で $X \cdot X$ を X^2 と書けば $X_1, ..., X_m \in L$ に対して $\sum_{i=1}^m X_i^2$ が自己随伴型である.

6. 悪い証明と間違え易い公式

誰でも知っている，または知っているべき基本的な公式に

(6.1) $$e^{ix} = \cos x + i\sin x$$

というのがある．ここで x は実変数とすることが多いが複素変数でもよい．証明は簡単である．任意の複素数 z に対して $e^z = \sum_{n=0}^{\infty} z^n/n!$ であるから $z = ix$ として n を偶数と奇数に分ければ

$$\begin{aligned}
e^{ix} &= \sum_{n=0}^{\infty} (ix)^n/n! \\
&= \sum_{k=0}^{\infty} (ix)^{2k}/(2k)! + \sum_{m=0}^{\infty} (ix)^{2m+1}/(2m+1)! \\
&= \sum_{k=0}^{\infty} (-1)^k x^{2k}/(2k)! + i\sum_{m=0}^{\infty} (-1)^m x^{2m+1}/(2m+1)! \\
&= \cos x + i\sin x,
\end{aligned}$$

それで (6.1) が出た．つまり，$\cos x$ と $\sin x$ の級数展開を知っていればよいだけのことである．

ところで次のような証明がある．

$$f(x) = e^{-ix}(\cos x + i\sin x)$$

とおき導関数 $f'(x)$ を考える．$(e^x)' = e^x, (\cos x)' = -\sin x, (\sin x)' = \cos x$ であるから

$$f'(x) = -ie^{-ix}(\cos x + i\sin x) + e^{-ix}(-\sin x + i\cos x)$$
$$= 0$$

となり，だから $f(x)$ は常数である．$x = 0$ とすれば $f(0) = 1$ となるから $f(x)$ はつねに 1 に等しい．それが (6.1) である．もっとも x を実変数として $f(x)$ は複素数値だから，その導関数が 0 なら f が常数であるという事実を知らなければならない．

この証明はよい証明ではない．それは (6.1) が成り立つことを予測しているのであるが，その右辺はどうして出て来たのか，不自然である．それにくらべれば前の証明は自然に発見的な証明である．

もっともある事実が予測されてそれを証明するのに発見的でないのはいくらもある．たとえば変数 x の関数 y についての 2 階常微分方程式

(6.2) $\qquad y'' + p(x)y' + q(x)y + r(x) = 0$

の解 $f(x)$ があり $x \to \infty$ のとき $f(x) = O(x^c), 0 < c \in \mathbf{R}$ であるとする．そのような (6.2) の解は $f(x)$ の常数倍であることを示したい．2 階の方程式の解の空間は 2 次元であるからもうひとつの解 $g(x)$ がわかってい

て，$\lim_{x\to\infty} e^{-x}g(x) = h > 0$ であることがわかっていればこの問題は容易である．実際，一般の解は常数 a, b によって $y = af(x) + bg(x)$ と書かれるから，その y が $y = O(x^c)$ となるならば $0 = \lim_{x\to\infty} e^{-x}y = 0 = a \cdot 0 + bh$ となり $h > 0$ だから $b = 0$ を得て $y = af(x)$ がわかる．g がわかっていない時は $f^{-1}y$ を考えて $(f^{-1}y)' = 0$ を示すことができる場合があり，上記の (6.1) の悪い証明の論法が使えることがある．

話の方向を変えて，間違え易い公式というのがある．よい例として Fourier 変換の公式を考えよう．まず $z \in \mathbf{C}$ に対して $\mathbf{e}(z) = \exp(2\pi i z)$ とおくと

$$(6.3) \quad \int_{-\infty}^{\infty} \mathbf{e}(-xy)\exp(-\pi x^2)dx = \exp(-\pi y^2)$$

となる．これは [使, pp. 120-121] に証明してある．ついでながらその証明は発見的証明であって，結果がわかっていての「悪い」証明ではないことに注意されたい．さて y は積分変数 x に独立だから (6.3) の両辺に d/dy を作用させれば d/dy を $\int$ の中に入れることができるから

$$-2\pi i \int_{-\infty}^{\infty} \mathbf{e}(-xy) x \exp(-\pi x^2) dx = -2\pi y \exp(-\pi y^2)$$

となる．これを整理して

$$(6.4) \quad \int_{-\infty}^{\infty} \mathbf{e}(-xy) x \exp(-\pi x^2) dx = -iy\exp(-\pi y^2)$$

を得る．さらにこれに d/dy を作用させ，それをくり返して

(6.5)
$$\int_{-\infty}^{\infty} \mathbf{e}(-xy) x^n \exp(-\pi x^2) dx = (-i)^n y^n \exp(-\pi y^2)$$

がすべての $n \in \mathbf{Z}, > 0$ について成り立つ,と思ってそう教科書に書いた人がいる.前に注意した「無数の教科書を書いたアメリカ人」で,あとの版では $n = 0; 1$ だけに直したようであるが. $n = 2$ のときにそうならないことは読者にもすぐわかると思うが,間違え易い点であるとは言える.

$x^n \exp(-\pi x^2)$ の x^n を適当な x の多項式にすればよいだろうとは想像される.実際

(6.6) $\quad \int_{-\infty}^{\infty} \mathbf{e}(-xy) H_n(\sqrt{4\pi}x) \exp(-\pi x^2) dx$
$\quad\quad = (-i)^n H_n(\sqrt{4\pi}y) \exp(-\pi y^2) \quad (0 \leq n \in \mathbf{Z})$

という公式がある.ここで $H_n(x)$ は Hermite 多項式と呼ばれる x の n 次の多項式であって

(6.7) $\quad H_n(x) = (-1)^n \exp(x^2/2)(d/dx)^n \exp(-x^2/2)$

で定義される. $H_0(x) = 1, H_1(x) = x$,かつ

(6.8) $\quad H_{n+1}(x) = x H_n(x) - H_n'(x) \quad (0 \leq n \in \mathbf{Z})$

となるからたとえば $H_2(x) = x^2 - 1$ である.

公式 (6.6) の証明はまず (6.8) を H_n の定義の式 (6.7) から導いておく.そこで (6.6) が正しいとしてそれに d/dy を作用させれば帰納法で (6.6) が得られる.

問題. $0 \leqq n \in \mathbf{Z}$ に対して次のふたつの式を証明せよ.

(6.9)　　$H'_{n+1}(x) = nH_n(x)$,

(6.10)　　$(x+iy)^n = \sum_{k=0}^{n} \binom{n}{k} i^k H_k(y) H_{n-k}(x)$.

ヒント：最初のは (6.8) を使って帰納法で示せばよい．次のは [使, p.80] にある $\partial/\partial \bar{z} = (1/2)(\partial/\partial x + i\partial/\partial y)$ を使う．$E = \exp(-z\bar{z}/2)$ とおくと $z, \bar{z}$ は独立変数のように扱える（つまり $\partial z/\partial \bar{z} = 0, \partial \bar{z}/\partial \bar{z} = 1$）から $(-2\partial/\partial \bar{z})E = zE$ であり従って

$$(x+iy)^n E = z^n E = (-2\partial/\partial \bar{z})^n E$$
$$= (-\partial/\partial x - i\partial/\partial y)^n E$$
$$= \sum_{k=0}^{n} \binom{n}{k} (-i\partial/\partial y)^k (-\partial/\partial x)^{n-k} E.$$

ここで (6.7) を使えば (6.10) の右辺に E を掛けたものが出る．また $\partial/\partial \bar{z}$ などが有効に使えることにも注意されたい．

このような公式すべてが重要であるわけではない．しかし間違った公式 (6.5) を直そうとすれば自然に (6.6) が出て来て，そしてこの Hermite 多項式 $H_n(x)$ は応用上有用なのである．

解析学を教えるとしたら，あるいは教科書を書くとしたら注意すべき点がいくつかある．

1. Lebesgue 積分を入れる. ただし [使, §9] の方針でやる.

2. 多変数の積分を微分形式を入れて論じる.

3. 常微分方程式の解の存在定理を入れる.

4. Fourier 級数だけでなく Fourier 変換を入れる. つまり
$$f \mapsto \hat{f}, \qquad \hat{f}(x) = \int_{\mathbf{R}} \mathbf{e}(-xy) f(y) dy$$
を考える.

5. 複素解析とこれらを融合させる. そして $\partial/\partial z, \partial/\partial \bar{z}$, $dz, d\bar{z}$ を使う.

6. 具体的な関数, つまり楕円関数, ゼータ関数などを論じる.

すでにこれらの事は前著三冊に注意したが, ここでもう一度まとめてみた. 証明なしで定義, 定理, 実例だけのあまり厚くない本であってもよく, それを誰かが書けばよいと思う.

[使, p.51] で書いたように間違った論文は非常に多い. それから剽窃も多い. 教科書を読んでいるだけの人には関係ないが, とにかくそうなのである. 自分が知らないからといって, そんなものはないだろうと言ってはいけない.

上記のアメリカ人はその人の能力不足のために間違えただけであるが, それよりははるかに悪い場合がある. 自

分の必要な結果があると，勝手にある人の論文を引用するが実はそんな結果はその論文にはないのである．その類の不正な事を常習的に行うし，間違いももちろんある．あまり多過ぎておぼえ切れず，もうあらかた忘れてしまった．ここでは M. H. とだけ言っておく．このことは私は何人かの人に話したが，その正体を本当に知っている人は案外少ないかも知れない．これは pathological と言うべきで，ほかには例を知らない．まさかその不正や間違いの表を作ってくばるわけにもいかず，だからこわいのである．R. Taylor などもその人物と共著の論文を書いている．[使] に「疑い深くなれとまでは言わないが」と書いたが，それは間違っていたかも知れない．いずれにせよ，「自分でよく確かめよ」は本当のことである．

ここで間違った論文の興味ある例をひとつ書こう．私が [S90] Invariant differential operators の論文を用意していた時 Helgason の 1964 年の論文の中のあやしい点に気がついた．彼の 1984 年の本（[好，p. 109] にある [H84]）でも同じ誤りをくり返している．彼とは以前から親しかったので，「その所の論法が私にはわからないから教えてほしい」というように手紙を書いた．すると彼はびっくりしてしまった．実は彼はその論文の中で，その前にソ連で発表された論文がおかしいと書いていて，そう言った当の本人の論文があやしくなってしまったからである．

どういうことかというと，半単純 Lie 群 G にある普通の条件をつけてその Lie 環の包絡環の center C を取る．

G からできる対称空間 G/K の不変微分作用素の環 D を考えると C から D への自然な写像があるが（これの kernel は 1 だから）それが D の上への写像ならば，つまり onto ならば D は可換になる．その onto になるかという問題で，これは D が可換かどうかということに関する基本的な問題で，つまらないことではない．

これは半単純なら……という一般的にはやりにくく，G の分類を使ってやらなければならない．G が古典群（classical group）なら容易に確かめられる．そして例外群では反例があるというやっかいな問題である．古典群の場合は私は自分で確かめて，私の論文は古典群の場合に限ったからそれですんだ．

結局 Helgason はやり直してどの例外群ならよいか，あるいはまずいかをきめて論文を発表してそれで問題は解決した．できた時に彼は私に電話して来た．

このことで私がつくづく感じたのは，論文でも本でもきちんと読む人はほとんどいないということである．私は自分の研究に必要になるから，とにかく一行一行読んだけれども，たいていの人なら単に引用してそれですましてしまうであろう．そういう場合の数がどれだけあるか，ちょっとこわくなる．

ひとつ性格は違うが思い出した話を書く．1960年代で Milnor がまだ Princeton にいた頃の話で「Annals にこんな論文が送られて来たから読んでくれ」と私に頼んだ．読むと簡単に反例が見つかったのでそう言った．すぐ送り

返されたが今度は定理の形を変えてその反例があてはまらないようにして来た．私はまたもや反例を見つけてそう言ったが，同じことがくり返された．三度目には，私はまた反例を作って Milnor にこう言った．「君にはちゃんと反例を示すが，著者に見せないでくれ」と．

この場合「下らないから」と言って断わることもできたが，そうすると別の雑誌に送るだろう．その結果など考えて私はそうしたのである．私も若くて元気だったからできた．

このほか随分人の論文を読まされた．ダメなのがどれだけあったか，80% 以上ではなかったかと思う．上記の私の微分作用素の論文が発表されるとすぐ「それの簡単な証明ができた」という論文が Annals に送られて来た．私がまた読まされたが，これも全然間違っていた．

間違いにもいろいろある．そこに与えられている定理が間違っている場合は論外とする．いま正しい定理がのべられていても証明が正しくないとしよう．論法を少し修正すればよくなる場合もある．根本的な考え方が悪く，それではどうにもならないというのもある．いずれにせよ，自分が間違っていることを指摘されたらば何かする義務がある．

1. 間違いを認めて正しく修正された論文を発表する．
2. どうにもならなければ，その発表された論文を正式に引込める．これは retract と言って withdraw ではない．

6. 悪い証明と間違え易い公式

　私は非常に多くの間違った論文に出くわしたが，そこで発見したいくつかの事実がある．世間の人はあまりていねいに論文を読まずに信用している場合が 99％ であるということ．次に，そのまずい論文の著者は何もせずにごまかし続ける場合がほとんどであるということ．「あれは間違っていたからいつか直す」と言ったが何もしない，というのもある．間違っていることが世間周知である場合もある．そうでなく，知らない人は（あるいは知っていても）その論文を引用し続ける場合も多い．

　要するに正しいことをするよりも，自分に都合のよいことをして世を渡っていけばそれでよいと思っているのである．正しいことをする能力の欠如と言ってもよい．

　また問題を解く能力と注意深くする能力の関係はあまりない．有名数学者でもたとえば Weil は注意深い方であったがそれでもつまらないミスをかなりやっていた．

　ここにひとつ起り易い現象を注意する．ある論文がある雑誌に送られて来ると，その方面の研究者の誰かに referee させる．そうすると同じ穴のムジナで仲間ほめをやって来るのである．これはかなりあって，今 Annals で起っているのがこの現象であると思う．editor や referee の無気力，無判断力である．おそらくそこにのっている論文の過半は無視していい物のように見える．ある若い研究者は私に同意した．

　ソ連はかなり長い間数学は何でも自分のところが一番先にやったように言っていた．それにどうも信用できないよ

うなのが多かった．何か人がやった結果のニューズをつかむと，さっそくそれを自分達がやったように結果をアナウンスしたりしてつまり人の結果を盗むことをやっていた．アメリカでは conference の数が多く，その報告が容易にソ連でも入手できて，それを利用したのである．その逆はない．ロシヤになってからでもあまり変っていないように見える．

7. $\zeta(s)$ の値

この頃世間で

(7.1) $$1+2+3+4+\cdots+ \stackrel{!}{=} -1/12$$

という等式が string theory で使われるとか言って,新聞,テレビ,通俗書などで騒いでいるらしい.ここで $\stackrel{!}{=}$ と書いたのは,単に $=$ としたいがそうも行かず,ともかく左辺を有限の値にしたければそれが一番もっともらしいと言うぐらいの話である.これは Riemann のゼータ関数

(7.2) $$\zeta(s) = \sum_{n=1}^{\infty} n^{-s} = 1^{-s}+2^{-s}+3^{-s}+\cdots$$

の性質を知っている人がちょっと考えればすぐわかることで,騒ぎ立てることもないが,この種の級数の和についてはいろいろ面白いことがあるのでそれを書いてみよう.

まず,(7.2) の級数の s は複素変数である.$\mathrm{Re}(s)>1$ に対してこれが絶対収束することは容易に示されるから ζ は $\mathrm{Re}(s)>1$ で s の正則関数になる.この関数を複素全平面から $s=1$ を除いた所で正則な関数にひろげることができる.$s=1$ では極を持ち,だから複素全平面での有理型関数になると言う.「ひろげる」と書いたが,通常「解析

接続する」という術語を使う．そして $\zeta(-1) = -1/12$ であることがわかる．その証明はあとまわしにして，これを受け入れれば（7.2）で $s=-1$ とおけば，形式的に

$$-1/12 = \zeta(-1) = 1+2+3+\cdots$$

となり，それが（7.1）であって，なんだつまらないという読者もいるだろう．

$\zeta(s)$ については Euler がすでにかなりの所まで知っていたが上に言った解析接続は Riemann による．彼は素数分布の問題のために ζ を研究して，解析接続を示し次の公式を証明した．

(7.3) $\quad \zeta(1-s) = \pi^{1/2-s} \Gamma((1-s)/2)^{-1} \Gamma(s/2)\zeta(s).$

ここで $\Gamma(s)$ はガンマ関数で微積分か複素解析の教科書にある．（7.3）は通常 ζ の**関数等式**と呼ばれ次の形にすることが多い．$\xi(s) = \pi^{-s/2}\Gamma(s/2)\zeta(s)$ とすれば

(7.4) $\qquad\qquad \xi(1-s) = \xi(s).$

(7.3) は (7.4) からすぐ出る．$\zeta(-1) = -1/12$ を示すにはもうひとつ

(7.5) $\qquad\qquad \zeta(2) = \pi^2/6.$

つまり $\sum_{n=1}^{\infty} n^{-2} = \pi^2/6$ ということが必要である．これは Euler は知っていた．$\Gamma(s)$ については

(7.6) $$\Gamma(s+1) = s\Gamma(s),$$
(7.7) $$\Gamma(1/2) = \pi^{1/2}$$

が必要で，これらも複素解析か微積分の教科書にあって珍しい式ではない．(7.6) で $s=-1/2$ とおけば $\pi^{1/2} = \Gamma(1/2) = (-1/2)\Gamma(-1/2)$ となり $\Gamma(-1/2) = -2\pi^{1/2}$ を得る．だから (7.3) で $s=2$ とおけば

$$\zeta(-1) = \pi^{-3/2} \cdot \Gamma(-1/2)^{-1}\Gamma(1)\zeta(2)$$
$$= \pi^{-3/2}(-2)^{-1}\pi^{-1/2} \cdot 1 \cdot \pi^2/6$$
$$= -1/12,$$

それが求める結果であった．

ついでに書くと $\lim_{s \to 0} \Gamma(s)s = 1$ かつ

$$\lim_{s \to 1}(s-1)\zeta(s) = 1$$

であるから (7.3) を書き直して

$$\zeta(1-s) = \pi^{1/2-s}\bigl[\Gamma\bigl((1-s)/2\bigr)(1-s)/2\bigr]^{-1}$$
$$\cdot \Gamma(s/2)(1-s)\zeta(s)/2,$$

ここで $s \to 1$ とすると (7.7) を使って

$$\zeta(0) = \pi^{-1/2} \cdot 1 \cdot \Gamma(1/2)(-1)/2 = -1/2$$

を得る．だから

$$1+1+1+\cdots \overset{!}{=} -1/2$$

と言う人もいるだろう．

$\zeta(-1)$ だけでなく，より一般に m が正の奇数であるとき $\zeta(-m)$ は有理数である．より正確には Bernoulli 数 B_n によって

$$(7.8) \qquad n\zeta(1-n) = -B_n$$

が $0 < n \in 2\mathbf{Z}$ に対して成り立つ．これも Euler によって $\zeta(2n)$ の公式として知られていた．この B_n などについてはまたあとで別の方面から論じるが，ここではまず初等的にわかることを書く．ひとつ注意すると (7.8) は n が正の奇数に対しても正しいがそれについてもあとで書く．

さて $\zeta(s)$ の基本的な性質は複素解析の教科書に書いておいた方がよい．昔は ζ は解析的整数論で論じて，実際 Riemann も素数分布の問題に結びつけて ζ の解析的性質を研究したのであった．しかし ζ はごく自然なものでよく出て来る関数として考えた方がよい．別に string theory に現れるから重要なわけでもなく素数分布に使うだけの関数でもない．

ζ については次の Euler 積が基本的である．

$$(7.9) \qquad \zeta(s) = \prod_p (1-p^{-s})^{-1}$$

であって，この右辺はすべての素数 p についての無限積である．ここで記法について注意すると，昔の本には n^{-s}, p^{-s} の代りに $\dfrac{1}{n^s}$, $\dfrac{1}{p^s}$ と書いてある．一般の Dirichlet 級数でも $\sum_{n=1}^{\infty} \dfrac{a_n}{n^s}$ と書いていた．私は $\sum_{n=1}^{\infty} a_n n^{-s}$ と書く．その方が紙面が少なくてすみ，それで何の不都合もないからである．Riemann は $\dfrac{1}{p^s}$ と p^{-s} と両方使っている．

さて $1-2^{-s}$ を（7.9）の両辺に掛ければ右辺はすべての奇素数 p についての積になる．だから

(7.10) $\quad (1-2^{-s})\zeta(s) = 1^{-s} + 3^{-s} + 5^{-s} + 7^{-s} + \cdots$,

ここで右辺はすべての正の奇数 m についての m^{-s} の和である．いま

$$\alpha(s) = -1^{-s} + 2^{-s} - 3^{-s} + 4^{-s} - 5^{-s} + 6^{-s} - \cdots$$
$$= \sum_{m=1}^{\infty} (-1)^m m^{-s}$$

とおくと，これを（7.10）に加えて

$$\alpha(s) + (1-2^{-s})\zeta(s) = \sum_{m=1}^{\infty} (2m)^{-s} = 2^{-s}\zeta(s),$$

従って

$$\alpha(s) = (2^{1-s} - 1)\zeta(s)$$

となる．たとえば $s=2$ として（7.5）を使えば

$$-1 + 2^{-2} - 3^{-2} + 4^{-2} - \cdots = \alpha(2) = -\pi^2/12,$$

あるいは $s = -1$ として

$$-1+2-3+4-\cdots \stackrel{!}{=} \alpha(-1) = -1/4$$

を得る．$1+3^{-2}+5^{-2}+\cdots$ や $1+3+5+\cdots$ も同様に得られる．

Bernoulli 数と $\zeta(s)$ の関係についてはいろいろのやり方がある．まず伝統的なやり方を示そう．多くの複素解析の本に書いてあるものである．z を複素変数として

$$e^{\pi i z} = \cos \pi z + i \sin \pi z,$$
$$e^{-\pi i z} = \cos \pi z - i \sin \pi z$$

であるから

$$\cos \pi z = (1/2)(e^{\pi i z} + e^{-\pi i z}),$$
$$\sin \pi z = (-i/2)(e^{\pi i z} - e^{-\pi i z})$$

である．この商を取って

$$(7.11) \qquad \pi \cdot \cot \pi z = \pi \frac{\cos \pi z}{\sin \pi z}$$
$$= \pi i \frac{e^{\pi i z} + e^{-\pi i z}}{e^{\pi i z} - e^{-\pi i z}}.$$

一方よく知られた公式として

$$\pi \cdot \cot \pi z = \frac{1}{z} + \sum_{n=1}^{\infty} \frac{2z}{z^2 - n^2}$$
$$= \frac{1}{z} + \sum_{n=1}^{\infty} \left(\frac{1}{z+n} + \frac{1}{z-n} \right)$$

がある．これは複素解析の本の多くに書いてある．形式的

にではあるが
$$\pi \cdot \cot \pi z = \sum_{n \in \mathbf{Z}} (z+n)^{-1}$$
と書くこともある．

さて（7.11）を書き直して

(7.11′) $\quad \pi z \cdot \cot \pi z = \pi i z \left(1 + \dfrac{2}{e^{2\pi i z} - 1}\right)$
$$= \pi i z + \dfrac{2\pi i z}{e^{2\pi i z} - 1}$$

を得る．

ここで Bernoulli 数 B_n と Bernoulli 多項式は次の式で定義する．

(7.12) $\quad\quad\quad \dfrac{z}{e^z - 1} = \sum_{n=0}^{\infty} \dfrac{B_n}{n!} z^n,$

(7.13) $\quad\quad\quad \dfrac{z e^{tz}}{e^z - 1} = \sum_{n=0}^{\infty} \dfrac{B_n(t)}{n!} z^n.$

実際，(7.13) の左辺は
$$\dfrac{z}{z + z^2/2 + \cdots} \left(1 + tz + \dfrac{t^2}{2} z^2 + \cdots\right)$$
$$= \left(1 + \dfrac{z}{2} + \dfrac{z^2}{3!} + \cdots\right)^{-1} \left(1 + tz + \dfrac{t^2}{2} z^2 + \dfrac{t^3}{3!} z^3 + \cdots\right)$$

であるから z^n の整級数として書くと係数が t の n 次の多項式になり，だから $n!$ で修正して（7.13）のように書くことができる．$t = 0$ とすれば（7.12）であり，だから

(7.14) $$B_n(0) = B_n$$

となる．n の小さいところを書いておく．

(7.15)
$$B_0(t) = 1,\ B_1(t) = t - \frac{1}{2},\ B_2(t) = t^2 - t + \frac{1}{6}.$$

前にもどって

$$\begin{aligned}
\pi z \cdot \cot \pi z &= 1 + \sum_{n=1}^{\infty} \frac{2z^2}{z^2 - n^2} \\
&= 1 - 2 \sum_{n=1}^{\infty} \frac{z^2}{n^2} \cdot \frac{1}{1 - z^2/n^2} \\
&= 1 - 2 \sum_{n=1}^{\infty} \sum_{k=1}^{\infty} \left(\frac{z^2}{n^2}\right)^k \\
&= 1 - 2 \sum_{k=1}^{\infty} z^{2k} \sum_{n=1}^{\infty} n^{-2k} \\
&= 1 - 2 \sum_{k=1}^{\infty} \zeta(2k) z^{2k}.
\end{aligned}$$

一方 (7.12) を (7.11′) の最終項に適用してそれを $\sum_{k=1}^{\infty} \zeta(2k) z^{2k}$ と比較すれば

(7.16) $$-\zeta(2k) = \frac{1}{2} \cdot \frac{B_{2k}}{(2k)!} (2\pi i)^{2k}$$

が得られる．

これが伝統的なやり方であるが $\cot z$ の展開式が必要である．それを使わないもっと気のきいたやり方もある．

定理 7.1. $0 < n \in \mathbf{Z}$ と $0 \leq t \leq 1$ に対して

$$(7.17) \quad B_n(t) = -n!(2\pi i)^{-n} \sum_{0 \neq h \in \mathbf{Z}} h^{-n}\mathbf{e}(ht).$$

つまり多項式 B_n が $0 \leq t \leq 1$ で Fourier 展開ではっきりした形に書かれるという結果である. $n=1$ のとき右辺は絶対収束しないが右辺の意味は

$$\lim_{m \to \infty} \sum_{0 < |h| \leq m} h^{-1}\mathbf{e}(ht)$$

であるとする.

証明. $A = (2N+1)\pi, 0 < N \in \mathbf{Z}$ として複素平面上に $A \pm iA, -A \pm iA$ を頂点とする正方形 S を考え積分

$$\int_S f(z)dz, \qquad f(z) = \frac{e^{tz}}{z^n(e^z - 1)},$$

を計算する. この積分の値は f の S 内の極での留数の和掛ける $2\pi i$ である. f の $\mathbf{C}$ での極は $2\pi ih, h \in \mathbf{Z}$ である. $h=0$ での f の留数は (7.13) から $B_n(t)/n!$ であることがわかる. $h \neq 0$ ならば f の $2\pi ih$ における留数は $(2\pi ih)^{-n}\mathbf{e}(th)$ であることが容易に確かめられる. S の各辺の上での積分が $N \to \infty$ となるとき 0 に近づくことがわかる. この所は読者の練習問題としておく. S の中の留数の和掛ける $2\pi i \cdot n!$ が

$$B_n(t) + (2\pi i)^{-n} \sum_{0 \neq |h| < A} h^{-n}\mathbf{e}(ht)$$

であり, それが $A \to \infty$ で 0 に近づくから公式 (7.17)

が得られる．(証終)

ここで n を奇数とし $t=0$ とすれば

(7.18) $\quad\quad n$ が正の奇数ならば $B_n = 0$

を得る．ここでは B_n を (7.12) で定義したが，始めから B_n を偶数 n に対してだけ定義するやり方もある．

さて (7.17) で $1<n\in\mathbf{Z}, t=0$ とすれば

(7.19) $\quad\quad B_n(0) = -n!(2\pi i)^{-n} 2\zeta(n)$

を得る．(7.3) で s を正の偶数とすれば (7.19) から (7.8) が得られる．それには (7.6), (7.7) を使って $\Gamma((2m+1)/2)$ などを計算する必要があるが，それは容易である．n を正の奇数，$n=2m+1$ とすると $\Gamma(s/2)\zeta(s)$ は $s=-2m$ で有限で $\Gamma(s/2)$ はそこで極を持つ．従って

(7.20) $\quad\quad \zeta(-2m) = 0 \quad (0 < m \in \mathbf{Z})$

である．だから n が奇数なら (7.8) の左辺は 0 であり，その時 $B_n=0$ だから (7.8) は n が正の奇数のときにも成り立つ．

$\cot z$ の展開式を一般化した公式がある．それは

(7.21) $\quad \displaystyle\sum_{n=1}^{\infty} n^{s-1}\mathbf{e}(nz) = \Gamma(s)\sum_{m\in\mathbf{Z}}[-2\pi i(z-m)]^{-s}$.

ここで $s\in\mathbf{C}, z\in\mathbf{C}, \mathrm{Re}(s)>1, \mathrm{Im}(z)>0$ とする．これは Lipschitz の公式と呼ばれ，Poisson の和公式の応用であ

って証明は難かしくはない．[S07, p.16] にある．この公式を高次元空間の場合に拡張したものが Siegel は好きだったらしく何度も使っている．

8. L-関数の値

ここで Dirichlet の L-級数または L-関数を考えてみよう.m を正の整数として $\mathbf{Z}/m\mathbf{Z}$ の乗法群 $(\mathbf{Z}/m\mathbf{Z})^\times$ を考える.これは [好] の第 4 章に詳しく論じた.そこでこの群から $\mathbf{C}^\times$ への準同型写像 $\chi:(\mathbf{Z}/m\mathbf{Z})^\times \to \mathbf{C}^\times$ を考えて,これを m を法とする指標と言う.(a character modulo m.) 普通 χ を $\mathbf{C}$ に値を取る $\mathbf{Z}$ 上の関数と考えて次のように定義する.$a \in \mathbf{Z}$ で a が m と素ならば a の定める $\mathbf{Z}/m\mathbf{Z}$ での剰余類は $(\mathbf{Z}/m\mathbf{Z})^\times$ の元を定めるからそこでの χ の値を $\chi(a)$ とする.もし a が m と素でなければ $\chi(a) = 0$ とする.

たとえば $m = 5$ としてみると $(\mathbf{Z}/5\mathbf{Z})^\times$ は 2 の剰余類で生成される巡回群であるから $\chi(2) = i$,$\chi(4) = -1$,$\chi(3) = \chi(8) = -i$,$\chi(1) = 1$,$\chi(0) = \chi(5) = \chi(10) = 0$ という 5 を法とする指標 χ がある.m が 5 以外の奇素数なら [好] に示したように $(\mathbf{Z}/m\mathbf{Z})^\times$ は $m-1$ 次の巡回群であって同様な m を法とする指標が $\mathbf{Z}$ 上で $\mathbf{C}$ に値を取る関数として得られる.

$m = 1$ のときは $\mathbf{Z}/\mathbf{Z}$ は $\{0\}$ になってしまうが,1 を法とする指標はすべての $a \in \mathbf{Z}$ に対して $\chi(a) = 1$ となる関

数 χ のこととする.

さて $m=10$ としてみると [好, p.50, (4.6)] にあるように

$$(\mathbf{Z}/10\mathbf{Z})^\times \cong (\mathbf{Z}/2\mathbf{Z})^\times \times (\mathbf{Z}/5\mathbf{Z})^\times \cong (\mathbf{Z}/5\mathbf{Z})^\times$$

となる. $(\mathbf{Z}/2\mathbf{Z})^\times$ は $\{1\}$ となるからである. それ故 10 を法とする指標は本質的に 5 を法とする指標になるが, ひとつ困ったことがある. 10 を法とする指標を φ としてこれに対応する 5 を法とする指標を χ とし, それが上記の $\chi(2)=i$ としたものであるとする. a が 10 と素ならば $\varphi(a)=\chi(a)$ であるが 2 は 10 と素でないから $\varphi(2)=0$ となってしまうから φ と χ とを同一視できない. そこで指標が**原始的** (primitive) であるという概念を導入し, そうでないものを**非原始的** (imprimitive) であると言う. 正確には m を法とする指標 φ が m のある約数 $m'(<m)$ を法とする指標に帰着されるとき φ は**非原始的**であると言い, もしそれができなければ φ は**原始的**であると言う.

たとえば 10 を法とする指標はすべて非原始的であり, また m が奇素数である時 $(\mathbf{Z}/m\mathbf{Z})^\times$ での値がすべて 1 である指標も非原始的である.

これらのことをきちんとやるのはけっこう手間がかかる. 初等的な入門書にはあまりていねいに書いてない. 詳しくは私の [S10] の p.7 と p.9 を見られたい.

さて χ を d を法とする原始指標とする. $d=1$ とすれば $\chi(a)=1$ がすべての $a\in\mathbf{Z}$ に対して成り立つ. この時 χ

を**主指標** (principal character) と呼ぶ. $d \neq 1$ で χ が原始的なら $d > 2$ である. ともかく原始的な χ に対して χ の L-関数 $L(s, \chi)$ を

(8.1) $$L(s, \chi) = \sum_{n=1}^{\infty} \chi(n) n^{-s}$$

で定義する. ここで $s \in \mathbf{C}$ であり χ が d を法として定義されているならば d と互いに素でない n に対しては $\chi(n) = 0$ である. χ が主指標ならばこれは $\zeta(s)$ になる. 一般に (8.1) の右辺は $\mathrm{Re}(s) > 1$ で絶対収束してそこでの s の正則関数を定める.

定理 8.1. (i) $L(s, \chi)$ は複素全平面の有理型関数に解析接続される. 極は χ が主指標である, つまり $d = 1$, の時 $s = 1$ に生ずる. それ以外に極は生じない. だから $d > 1$ なら $L(s, \chi)$ は全平面で正則である.

(ii) $\chi(-1) = (-1)^r$, $r = 0$ または 1 とし,

(8.2) $R(s, \chi) = (d/\pi)^{s/2} \Gamma((s+r)/2) L(s, \chi)$

とおくと $R(s, \chi)$ は全 s-平面で有理型であり, 極は $d = 1$ の時 $s = 1$ で生ずるだけである.

(iii) いま
$$W(\chi) = i^{-r} d^{-1/2} G(\chi),$$
$$G(\chi) = \sum_{a=1}^{d} \chi(a) \mathbf{e}(a/d)$$

とおけば $R(s, \chi) = W(\chi) R(1-s, \bar{\chi})$ が成り立つ. これを

$L(s,\chi)$ の関数等式と言う．$d=1$ なら $G(\chi)=W(\chi)=1$ である．

証明はこの頃の中級以上の整数論の教科書にのっている場合が多い，私の [S07] にもある．ここでふたつの注意をする．

まず昔は代数的整数論と解析的整数論をはっきり分けていて上の定理は後者に入れていた．近頃はその区別をせず，上の定理は中級の教科書に入れる．その教科書は単に「整数論」と呼ぶかまたは「代数的整数論」と呼ぶか，それは著者の好みによる．これとは別に「加法的整数論」というのがあって，それが昔から解析的整数論の一部であった．

次に，指標をすべて原始的なものに限ることですむなら話は簡単であるがそうもいかない．それはある数 m を法とする指標を全部考えたいということがしばしばあってその中には原始的でないものがあるからである．だから非原始的な指標はどうしても必要である．そのために理論は多少複雑になるが大したことはない．

上記の定理に出て来る $G(\chi)$ は **Gauss の和**と呼ばれるもののひとつである．一般に $(\mathbf{Z}/d\mathbf{Z})^\times$ は有限群だから n が d と素ならば $\chi(n)$ は 1 のベキ根である．だから χ がつねに実数値ならば $\chi(n)=\pm 1$，逆に $\chi^2=1$ ならば χ は実数値である．そのような指標を**実指標**と呼ぶ．たとえば p を奇素数として平方剰余記号を使って

$$\chi(n) = \left(\frac{n}{p}\right)$$

とおくとこれは p を法とする実の原始指標である．

定理 8.2. χ が d を法とする原始実指標ならば $G(\chi) = i^r d^{1/2}$ である．

証明はあとまわしにしてまず初等的な計算で χ が実指標なら

$$G(\chi)^2 = \chi(-1)d$$

がわかることに注意する．これは単に $\sum_{a=1}^{d} \chi(a)\mathbf{e}(a/d) \cdot \sum_{b=1}^{d} \chi(b)\mathbf{e}(b/d)$ を計算するだけの話である．あとで証明する (9.11) の特別な場合である．だから $\chi(-1) = 1$ なら $G(\chi) = \pm d^{1/2}$, $\chi(-1) = -1$ ならば $G(\chi) = \pm i d^{1/2}$ であるが，上の定理はつねに $d^{1/2}$ または $id^{1/2}$ となるという結果で，これを証明するのに Gauss が苦労して6年（？）かかったという有名な問題である．

今日これは次のように証明するのが近道である．$\chi(-1)d$ の平方根を $\mathbf{Q}$ につけ加えて $\mathbf{Q}$ の2次拡大体 K をつくる．K の Dedekind ゼータ関数を $\zeta_K(s)$ とすると

(8.3) $$\zeta_K(s) = \zeta(s)L(s,\chi)$$

であることがわかる．これは素数 p が K でどのように分解するかが $\chi(p)$ の値でわかることから出る．次に ζ の関数等式を (7.3) に与えたがそれと同様な関数等式

が $\zeta_K(1-s)$ と $\zeta_K(s)$ の間に成り立つ.ここで重要な点は π^* とか $\Gamma(**)$ のような因子だけで,その前に数値の因子が出て来ないことである.そこで $\zeta_K(1-s)=\zeta(1-s)\cdot L(1-s,\chi)$ と $\zeta_K(s)=\zeta(s)L(s,\chi)$ とをくらべて,数値の因子をくらべれば $W(\chi)=1$ となり,それが上の定理である.

これは,任意の代数的数体 F をもとにして考えてもできる. F のイデアルを法とする指標 χ を考えることができ,それの Gauss の和 $G(\chi)$ をきめる問題になるのである. $\chi^2=1$,つまり χ が実指標ならば $G(\chi)$ をきめることができる.これは Hecke の結果である.

これを証明するためには $G(\chi)$ の定義などきちんとやらなければならない.詳しい解説は私の [S97] の p.239, Theorem A6.3 にある.(8.3) の ζ の代りに ζ_F が出てきて $\zeta_K(s)=\zeta_F(s)L(s,\chi)$ となり(ただしこの $L(s,\chi)$ は F 上で考えた L-関数),これは類体論の易しい場合である.だから完全に初等的ではないが,大学院程度の整数論を一般的に(公理論的にではない)展開すれば自然に出て来るのである.

Gauss のやり方をなぞるのもひとつの教え方かも知れない.私はそれは一度もやったことがない.今言ったように解析でもなんでも自由に使った方が生産的である.方法を制限することで新らしい結果が得られたことはない.

2次体の類数について Dirichlet による次の結果がある.

定理 8.3. χ を d を法とする実の原始指標，$\chi(-1) = -1$ とし，体 $K = \mathbf{Q}(\sqrt{-d})$ の類数を h_K とするとき

(8.4) $$h_K = \frac{w_K \sqrt{d}}{2\pi} L(1, \chi)$$

である．ただし w_K は K に含まれる 1 の根の数で，従って $d = 3$ ならば $w_K = 6$，$d = 4$ なら $w_K = 4$，$d > 4$ ならば $w_K = 2$ である．

これはたいていの整数論の教科書で $L(s, \chi)$ のことについて書いてある本に証明してある．Dedekind のゼータ関数についての公式の特別な場合である．これを書き直してより簡単な

$$h_K = \frac{w_K}{2d} \sum_{a=1}^{d} \chi(a) a$$

とすることができる．

しかし Dirichlet には体 K の類数という概念はなかった．彼は Lagrange-Gauss 以来の 2 元 2 次形式の類の数で上の結果にあたる物を証明した．二次形式の類が 2 次体のイデアル類になることを示したのは Dedekind であって，その事実は当り前のことではなく証明を必要とする．これは［重，p. 61］に注意してある．

類数は重要な概念であるが，それをあまりに重要視するのは問題であり，それについても［重，p. 65］に書いた．しかし Kummer が代数的整数論を展開した大きな動機はこの類数をもっと知りたいということであったことは記憶

すべきであろう．

問題． $0 < g \in \mathbf{Z}$ とし，χ を $2g$ を法とする原始指標とするとき $\chi(1-g) = -1$ であることを示せ．

ヒント：まず g は偶数であることを示し，次に $(1-g)^2 - 1 \in 2g\mathbf{Z}$ であることを示す．

9. Euler 数と Euler 多項式

Bernoulli 数や Bernoulli 多項式と似ていてよく現れる物に Euler 数と Euler 多項式がある.まず

(9.1) $$\frac{2e^z}{e^{2z}+1} = \sum_{n=0}^{\infty} \frac{E_n}{n!} z^n,$$

(9.2) $$\frac{2e^{tz}}{e^z+1} = \sum_{n=0}^{\infty} \frac{E_n(t)}{n!} z^n$$

とおく.ここで $z \in \mathbf{C}$ である. E_n を **Euler 数**(Euler number), $E_n(t)$ を **Euler 多項式**(Euler polynomial)と呼ぶ. $E_0(t) = 1$, $E_1(t) = t - 1/2$ はすぐわかる.(9.2)で (t, z) に $(1/2, 2z)$ を代入すれば

(9.3) $$E_n = 2^n E_n(1/2) \quad (0 \leqq n \in \mathbf{Z})$$

が得られる.

さて定理 7.1 と同様な次の結果がある.

定理 9.1. $0 < n \in \mathbf{Z}$ と $0 \leqq t \leqq 1$ に対して

(9.4) $$E_n(t) = 2 \cdot n! (2\pi i)^{-n-1} \cdot \sum_{h \in \mathbf{Z}} \left(h + \frac{1}{2}\right)^{-n-1} \mathbf{e}\left(\left(h + \frac{1}{2}\right) t\right).$$

$n=0$ でも $0<t<1$ ならこの式は正しい.

証明. 定理 7.1 の証明と同じ方法でやるが, 今度は
$$\int_S f(z)dz, \quad f(z) = \frac{e^{tz}}{z^{n+1}(e^z+1)}$$
を考える. S は正方形でその頂点は $A\pm iA$, $-A\pm iA$, $A=2N\pi$, $0<N\in\mathbf{Z}$ である. やはり留数定理を使う. $\mathbf{C}$ における f の極は 0 と $2\pi i\left(h+\frac{1}{2}\right)$ であって 0 における留数は $2^{-1}E_n(t)$, $2\pi i\left(h+\frac{1}{2}\right)$ における留数は $-2^{-1}\mathbf{e}\left(\left(h+\frac{1}{2}\right)t\right)$ であることが容易にわかる. $N\to\infty$ とするとき $\int_S\to 0$ が示されるから求める式を得る. $n=0$ の場合はこれだけではすまない. [S07, p.27] に証明してある. (証終)

ここで $t=1/2$ とおくと (9.3) と (9.4) により
(9.5) $\quad 2^{-n}E_n = E_n(1/2) = 2\cdot n!(2\pi i)^{-n-1}$
$$\cdot 2^{n+1}\sum_{h\in\mathbf{Z}}(2h+1)^{-n-1}\mathbf{e}((2h+1)(1/4))$$
を得る. $\mathbf{e}(1/4)=i$ だから最後の和 $\sum_{h\in\mathbf{Z}}$ は
$$\sum_{h\in\mathbf{Z}}i^{2h+1}(2h+1)^{-n-1}.$$
h を偶数と奇数に分けて $h=2m$ の時と $h=2m+1$ の時に分ければこれは

$$(9.6) \quad i\sum_{m\in \mathbf{Z}}(4m+1)^{-n-1} - i\sum_{m\in \mathbf{Z}}(4m+3)^{-n-1}$$

となる．ここで容易にわかるように

$$\{|4m+1|\,|\,m\in \mathbf{Z}\} = \{|4m+3|\,|\,m\in \mathbf{Z}\}$$
$$= \text{すべての正の奇数全体}$$

であるから n が奇数なら $n+1$ は偶数であって (9.6) の和は 0 である．従って (9.5) に戻って

$$(9.7) \qquad n \text{ が奇数ならば } E_n = 0$$

という結果を得る．

n が偶数のときをしらべるために 4 を法とする指標 φ を $\varphi(-1)=-1$ で定める．つまり $\varphi(1)=1$, $\varphi(2)=0$, $\varphi(3)=\varphi(-1)=-1$, $\varphi(4)=0$ であるが，これは平方剰余記号を知っている人ならば

$$(9.8) \qquad \varphi(m) = \left(\frac{-1}{m}\right)$$

とすると言った方が早いだろう．n が偶数ならば L-関数の記号を使って (9.6) の前の和は $L(n+1,\varphi)$，後の和は $-L(n+1,\varphi)$ となるから (9.6) は $2i\cdot L(n+1,\varphi)$ となる．だから (9.5) に戻って $0\leqq n\in 2\mathbf{Z}$ に対して

$$2^{-n}E_n = 2^{n+2}n!(2\pi i)^{-n-1}\cdot 2iL(n+1,\varphi)$$

を得る．これを整理すれば

$$L(n+1,\varphi) = \frac{(-1)^{n/2}E_n}{2^{n+2}n!}\cdot\pi^{n+1} \quad (0 \leqq n \in 2\mathbf{Z})$$

となる．つまり，n が偶数ならば $L(n+1,\varphi)$ は π^{n+1} の有理数倍でその有理数が (9.1) で定まる Euler 数 E_n で容易に得られる．これはすでに Euler により知られていて，そして (7.16) の $\zeta(2k)$ の公式を出したのと同じやり方で微積分の本に書いてあることがある．たとえば藤原松三郎の『微分積分学』第一巻にある．

ここで定理 7.1 や定理 9.1 を使ったのは $B_n(t)$ や $E_n(t)$ などの多項式の Fourier 展開がはっきり書けるという事実を示したいからであり，その応用として実は $\zeta(2k)$ や $L(n+1,\varphi)$ ばかりでなく一般の指標 χ に対する L-関数 $L(s,\chi)$ の値が同様に求められるからである．以下そのことを解説してみよう．

まず Gauss の和 $G(\chi)$ についての公式をいくつか証明する．定理 8.1 の (iii) にあるように χ を d を法とする原始指標とするとき

$$(9.9) \qquad G(\chi) = \sum_{a=1}^{d} \chi(a)\mathbf{e}(a/d)$$

であった．これに対し次の四つの公式が成り立つ．

$$(9.10) \quad \sum_{a=1}^{d} \chi(a)\mathbf{e}(ab/d) = \bar{\chi}(b)G(\chi) \quad (b\in\mathbf{Z}),$$

$$(9.11) \qquad G(\chi)G(\bar{\chi}) = \chi(-1)d,$$

$$(9.12) \qquad \overline{G(\chi)} = \chi(-1)G(\bar{\chi}),$$

$$(9.13) \qquad |G(\chi)|^2 = d.$$

ここでは簡単のために d を素数で χ は主指標でないときに証明する..（$d=1$ で χ が主指標ならば $G(\chi)=1$ とすればよい.）（9.10）は d が b をわるならば左辺は $\sum_{a=1}^{d}\chi(a)$ で，これは 0，$\chi(b)=0$ だからそれでよい. b が d と素ならば左辺に $\chi(b)$ を掛けて $\sum_{a=1}^{d}\chi(ab)\mathbf{e}(ab/d)$ でこれは $G(\chi)$ になり，その時も（9.10）はよい. 次に

$$G(\chi)G(\bar{\chi}) = G(\chi)\sum_{b=1}^{d}\bar{\chi}(b)\mathbf{e}(b/d)$$
$$= \sum_{b=1}^{d}\bar{\chi}(b)G(\chi)\mathbf{e}(b/d).$$

ここで（9.10）を使って $\bar{\chi}(b)G(\chi)$ を書き直して，

$$= \sum_{b=1}^{d}\sum_{a=1}^{d}\chi(a)\mathbf{e}(ab/d)\mathbf{e}(b/d)$$
$$= \sum_{a=1}^{d}\chi(a)\sum_{b=1}^{d}\mathbf{e}(b(a+1)/d).$$

最後の和 $\sum_b$ は $a+1\in d\mathbf{Z}$ なら d となりそうでなければ 0 であるから結局 $a\equiv -1 \pmod{d}$ の項だけ残り，$\chi(-1)d$ を得てそれが（9.11）である.（9.12）は $\overline{\mathbf{e}(x)}=\mathbf{e}(-x)$ を使って

$$\overline{G(\chi)} = \sum_{a=1}^{d}\bar{\chi}(a)\mathbf{e}(-a/d).$$

これは（9.10）を使って $\chi(-1)G(\bar{\chi})$ となる. これと（9.11）を組み合わせて（9.13）を得る.

9. Euler 数と Euler 多項式

χ が一般の素数とは限らない d を法とする原始指標の場合も同様にできるから読者自身で確かめられたい。

さて (9.4) により

(9.14) $E_{k-1}(2a/d) = 2(k-1)!(2\pi i)^{-k}$
$$\cdot 2^k \sum_{h \in \mathbf{Z}} (2h+1)^{-k} \mathbf{e}\bigl((2h+1)a/d\bigr)$$

となるが最後の和は $\sum_m m^{-k} \mathbf{e}(ma/d)$ で m が正負の奇数を動くときの和である。一方 (7.9) の類似で

$$L(s,\chi) = \prod_p [1-\chi(p)p^{-s}]^{-1}$$

となる。$\prod_p$ はすべての素数 p に関する積である。故に

$$[1-\chi(2)2^{-s}]L(s,\chi) = \sum_{m>0} \chi(m)m^{-s}$$

となる。ここで m は正の奇数。

いま $1 \leqq k \in \mathbf{Z}$ として s に k を代入すれば $G(\bar{\chi})$ を掛けて (m は奇数を表わすとして)

$$G(\bar{\chi})[1-\chi(2)2^{-k}]L(k,\chi)$$
$$= \sum_{m>0} G(\bar{\chi})\chi(m)m^{-k}$$
$$= \sum_{m>0} \sum_{a=1}^{d} \bar{\chi}(a)\mathbf{e}(ma/d)m^{-k}.$$

ここで (9.10) の χ を $\bar{\chi}$ としたものを使った。そして $\chi(d)=0$ だから $\sum_{a=1}^{d}$ は $\sum_{a=1}^{d-1}$ としてよい。

d が 1 より大きい奇数で $d=2q+1$ とおくと a が 1 から q まで動くとき $d-a$ は $d-1$ から $q+1$ までを後向き

に動く．それ故最後の和は $\chi(-1)=(-1)^k$ とすれば $\chi(d-a)=\chi(-a)=(-1)^k\chi(a)$ となるから

$$\sum_{m>0}\sum_{a=1}^{q}\bar{\chi}(a)\{m^{-k}\mathbf{e}(ma/d)+(-m)^{-k}\mathbf{e}(-ma/d)\}$$

$$=\sum_{a=1}^{q}\bar{\chi}(a)\sum_{m>0}\{m^{-k}\mathbf{e}(ma/d)+(-m)^{-k}\mathbf{e}(-ma/d)\}$$

に等しい．ここで m は正の奇数すべてを動く．この $\sum_m$ はちょうど (9.14) の最後の和であるから結局 (9.14) により

$$\frac{(\pi i)^k}{2(k-1)!}\sum_{a=1}^{q}\bar{\chi}(a)E_{k-1}(2a/d)$$

となる．これで次の定理が証明された．

定理 9.2. d を正の奇数, >1, $d=2q+1$, χ を d を法とする原始指標, $1\leqq k\in\mathbf{Z}$ とし, $\chi(-1)=(-1)^k$ とすれば

(9.15) $\quad G(\bar{\chi})[1-\chi(2)2^{-k}]L(k,\chi)$

$$=\frac{(\pi i)^k}{2(k-1)!}\sum_{a=1}^{q}\bar{\chi}(a)E_{k-1}(2a/d).$$

実はこの結果は d が奇数でなくても $q=[(d-1)/2]$ で成り立つ．証明は [S07, Theorem 4.14] にある．ここで $k=1$ とすれば，$E_0(t)=1$ であるから，$\chi(-1)=-1$ となる χ に対して

$$G(\bar{\chi})L(1,\chi) = \frac{\pi i}{2-\chi(2)} \sum_{a=1}^{q} \bar{\chi}(a)$$

を得る．ここで χ を実指標とし，$K = \mathbf{Q}(\sqrt{-d})$ の類数 h_K の公式（8.4）を使えば

(9.16) $$h_K = \frac{1}{2-\chi(2)} \sum_{a=1}^{q} \chi(a)$$

が $d = 2q+1 > 3$ に対して得られる．そのとき $w_K = 2$ であって，定理 8.2 による $G(\chi) = i\sqrt{d}$ を使った．公式（9.16）は昔から知られていた．しかしその拡張になる定理 9.2 は知られていた結果ではない．なお $L(k,\chi)$ の代りに $L(1-k,\bar{\chi})$ を使う書き方もある．定理 8.1 にある $R(s,\chi) = W(\chi)R(1-s,\bar{\chi})$ を使えば

(9.17) $\quad 2 \cdot k!(2\pi i)^{-k} G(\bar{\chi})L(k,\chi) = kd^{1-k}L(1-k,\bar{\chi})$

が得られる．だから上記の定理の結果は $L(1-k,\bar{\chi})$ に関する結果になる．

しかし $L(k,\chi)$ の公式には Bernoulli 多項式を使うものがあって以前から知られている．前と同じような考え方で χ が $d\,(>1)$ を法とする原始指標であるとき

$$2G(\bar{\chi})L(k,\chi) = \sum_{0 \neq h \in \mathbf{Z}} h^{-k} G(\bar{\chi})\chi(h)$$

$$= \sum_{0 \neq h \in \mathbf{Z}} \sum_{a=1}^{d} h^{-k} \bar{\chi}(a)\mathbf{e}(ha/d).$$

ここで $\bar{\chi}(d) = 0$ であるから $\sum_{a=1}^{d}$ は $\sum_{a=1}^{d-1}$ としてよい．定理 7.1 にある（7.17）の t を a/d とした式を使えば最

後の和は
$$= -\frac{(2\pi i)^k}{k!} \sum_{a=1}^{d} B_k(a/d)\bar{\chi}(a)$$
となって，結局

(9.18) $\quad 2k!G(\bar{\chi})L(k,\chi) = -(2\pi i)^k \sum_{a=1}^{d-1} \bar{\chi}(a)B_k(a/d)$

を得る．

この結果は Hecke が 1940 年に発表したのが最初である．このことに気がつかずに Leopoldt が最初に証明したように思って，それを引用している人が多いが，それは Hecke よりはだいぶあとの話で，だから誤りである．

(9.18) と (9.15) とくらべるとひとつの相違は $B_k(t)$ は t の k 次の多項式であるが $E_{k-1}(t)$ は $k-1$ 次式で，だからもし $L(k,\chi)$ を計算したい人がいるならば，E_{k-1} を使った式の方が簡単である．

まだいろいろな公式がある．$d=4d_0$, $1<d_0\in\mathbf{Z}$, を法とする原始指標 χ に対して $\chi(-1)=(-1)^k$ ならば

(9.19) $\quad (k-1)!G(\bar{\chi})L(k,\chi)$
$$= (\pi i)^k \sum_{a=1}^{d_0-1} \bar{\chi}(a)E_{k-1}(2a/d)$$

となる．ここで $k=1$ とすれば $\mathbf{Q}(2\sqrt{-d_0})$ の新らしい類数公式が得られる．

読者もそろそろ疲れて来たかも知れないがもう少し辛抱して私の話を聞いていただきたい．

ある具体的な数列 $\{A_n\}_{n=1}^\infty$ の再帰公式（recurrence formula）というものがある．つまり A_n が $A_1, \cdots, A_{n-1}$ から容易に得られる公式のことである．Ramanujan は $\{B_{2n}\}$ の再帰公式を数多く発見した．これは B_{2n} と $\zeta(2n)$ の関係から $\{\zeta(2n)\}$ の再帰公式とも見られる．[S07, p.77] にはその中には入っていない新しい $\{B_{2n}\}$ の再帰公式が与えられている．さらに χ を固定して k を奇数か偶数に限って $\chi(-1)=(-1)^r$, $r=0$ または 1, とするとき，$\{L(r+2m,\chi)\}_{m=1}^\infty$ の再帰公式を書くこともできる．[S07, Theorem 4.15] にある．

もちろんこれらがすべて重要であるわけではない．ただ理論がもう出来てしまって行き止まりのように思われるその先に意外な事実があることがしばしばある．私は Hecke の（9.18）は知っていた．たぶんそれを自己流に証明しようと思ったのがきっかけであったのだと思う．知られた結果を証明するのに人のやり方をなぞらないでできるならばそうするのが私の習慣である．そのうちに $B_n(t)$ や $E_n(t)$ の Fourier 展開の式を見出したのである．そこから $L(k,\chi)$ の $E_n(a/d)$ を使った公式にたどりつくのは自然の成り行きで時間もかからなかった．そしてその前から考えていた別の事も合わせて [S07] を書いた．

$\zeta(s)$ の拡張に Hurwitz ゼータ関数というものがある．Hurwitz という数学者は [重] にも書いたように多くのオリジナルなアイディアを持っていていくつか基本的な結果を出している．さて Hurwitz のゼータ関数を拡張した

Lerch のものがある. それは

(9.20) $$\zeta(s;a,\gamma) = \sum_{n=0}^{\infty} \gamma^n (n+a)^{-s}$$

で定義される. ここで

(9.21) $s \in \mathbf{C}$, $0 < a \in \mathbf{R}$, $\gamma \in \mathbf{C}$, $0 < |\gamma| \leqq 1$

である. 特に $\gamma = 1$ とした場合この関数を単に $\zeta(s,a)$ と書く, すなわち

(9.22) $$\zeta(s,a) = \sum_{n=0}^{\infty} (n+a)^{-s}$$

で, これが Hurwitz のゼータ関数である. $a = 1$ として

(9.23) $$\zeta(s,1) = \zeta(s)$$

となるから, これは Riemann のゼータ関数を拡張したものである. Hurwitz の研究は 1882 年, Lerch のは 1887 年になされている. なぜ彼がこれを考えたかというと Dirichlet L-関数 $L(s,\chi)$ を調べるのに使ったのである. いま $0 < m \in \mathbf{Z}$, $0 \leqq a \leqq m$ とすると

(9.24) $$m^{-s}\zeta(s, a/m) = \sum_{n=0}^{\infty} (mn+a)^{-s}$$

となる. 彼は Riemann が ζ の解析接続に使った手法で (9.22) の $s \mapsto 1-s$ に対する関数等式を得た. それによって $L(s,\chi)$ が χ が実指標の時に全平面に解析接続されて関数等式をみたすことを示した. その時代には Dirichlet はそこまではやっていなかった. Hurwitz はさらに

$$(9.25) \qquad \zeta(1-k, a) = -B_k(a)/k$$

が $0 < k \in \mathbf{Z}$ に対して成り立つことを示した. ここで $B_k(t)$ は (7.13) で定義した Bernoulli 多項式であり, $B_n(1-t) = (-1)^n B_n(t)$ であることが知られているから $t=0$ とおけば $B_n(1) = (-1)^n B_n(0) = (-1)^n B_n$, それ故 (9.25) は (7.8) を拡張したものになっているのである.

これらのことは [WW, Chap. XIII] にある. そこでは Riemann の ζ を Hurwitz の $\zeta(s, a)$ の特別な場合として論じている. 日本語では Hurwitz の $\zeta(s, a)$ を扱ったものはおそらくない. 実は $\zeta(s, a)$ の解析接続など興味ある話がいろいろある. ここでは私の

G. Shimura, The critical values of generalizations of the Hurwitz zeta function, Documenta Mathematica 15 (2010), 489-506

を引いておく. これはオンラインで容易に見られる. そこに Hurwitz や Lerch の論文も引用してある.

この中には Lerch のゼータやもっと違った型の類似の関数について (9.25) の拡張などが書いてある. その気分を出すために分かりやすい結果だけを定理として書いておく.

定理 9.3. (i) $0 < a \in \mathbf{R}$, $\gamma \in \mathbf{C}$, $0 < |\gamma| \leq 1$ である時 $(e^{2\pi i s} - 1)\Gamma(s)\zeta(s; a, \gamma)$ は全 s-平面上に s の正則関数として解析接続される. さらに s は任意, $\mathrm{Re}(a) > 0$, $\gamma \notin$

$\{x \in \mathbf{R} \mid x \geqq 1\}$ のとき,その積は $(s, a, \gamma) \in \mathbf{C}^3$ の正則関数としてひろげることができる.

(ii) $0 < k \in \mathbf{Z}$, $\mathrm{Re}(a) > 0$, $\gamma \notin \{x \in \mathbf{R} \mid x \geqq 1\}$ であるとき $\zeta(1-k; a, \gamma)$ は a と $(\gamma-1)^{-1}$ の多項式関数である.

その多項式を具体的に定めることもできるがここでは省略する.

超越数論というのがあってたとえば π や e が超越数であるとか,楕円積分の周期が超越数であることなどを示す理論である.それはそれとしてある関数,たとえば ζ を取ってその値が代数的であるかということを考える,そしてもしそうならそれをきめられるかという発想法がある.そしてこの章の考え方はその発想法の下になされているのである.そして多種多様の方法があって大きな広がりを持つ世界である.

たとえば $\zeta(3)$ が超越数かという問題がある.しかしそんなことだけを重要視していてはいけない.そういう型にはまった発想法は捨てた方がよい.それは言わば眼に見える問題である.眼に見える問題にこだわると何もできない場合が多い.眼に見えないような所に実り豊かな世界があるのだから自分の考え方で何でも自由にやってみるべきである.

10. 『数学で何が重要か』の訂正と類体論について

上記の書の誤植その他を以下に訂正する．

p.18, 下から 5 行目: $(1/2)\varphi[h]$ のあとに … をいれる．
p.29, 下から 8 行目: そんな は そんなに とする．
p.59, 4 行目: 29 は 229 とする．
p.64, 7 行目: [S10, p.288] は [S10, p.205] または本書 p.96 とする．
p.67, 定理 7.2: この言明のままでは正しくない．F の無限素点の概念を入れてそれも K で不分岐とすれば正しい．絶対類体の定義の仕方はほかにもあるが，やはり「あらゆる素点が不分岐」という条件と次数によるのが自然である．

なお，「高木の類体論」とか「日本で生まれた類体論」などと日本の通俗解説書に書いてあるがそれはどちらも誤りである．これについてはすでに書いたがもう一度はっきり詳しく説明しよう．この理論は Kronecker, Weber, Hilbert 以来大勢の人の努力によって完成された理論である．あとを続けると Furtwängler, 高木, Artin, Hasse,

Chevalley となる．そして類体（class field, Klassenkörper）という言葉を最初に使ったのは Weber である．

通常高木以前には不分岐 Abel 拡大の理論があって高木は分岐の場合を論じてそれが画期的であったと言うが，これもおかしい．基礎体が有理数体や虚二次体の時には分岐の場合を含めてほぼ完成した理論があった．Artin の相互律の特別な場合もすでにそこにあった．それ故 Hilbert が分岐の場合を含めて定式化する vision を持ち得なかったのはふしぎであり，彼の限界を示すと言ってよいであろう．

上の数学者のリストに Dedekind と Hecke の名がないのは彼等は直接には類体論そのものを研究しなかったからである．しかし Dedekind ゼータ関数や Hecke の L-関数を積極的に使う類体論の展開の仕方があることは注意すべきである．

要するに高木以前にかなりの物があった．彼は別に余人の思いも寄らぬ理論を樹立したわけでもなく，彼が理論を完成してそれでおしまいになったわけでもない．彼には彼の貢献はあるがそれを誇大に言ってはならない．いずれにせよ日本以外の整数論の教科書で類体論をあつかった物の中で「高木の類体論」などと書いてあるものを私は知らない．それは別に日本人をおとしめる意図があるからではなかろう．局所類体論という物があってこれは Chevalley が創始したのであり別の話とも言えるが，含めて考えた方がよい．

高木自身の『代数的整数論』という書がある．読者がこれの序文を読んで以上私が書いたものとくらべてみてどんな感想を持たれるか，聞いてみたいものである．

整数論には素数分布とか加法的整数論を除いて，ふたつの大きな流れがある．類体論と二次形式論である．代数群や代数多様体に関する話もあるが，それはおいて，より古典的なそのふたつを考えると，日本では類体論の方は教えられたり学ばれていたが二次形式論の方はほとんど取りあげられて来なかった．今日整数論を学ぶ人は両方とも学ぶべきである．$\mathbf{Z}$ の上での初等的理論だけを学ぼうとすればそれを書いた教科書もあるがあまりすすめられない．それは，与えられた二次形式 f と素数 p に対してある不変量 $s_p(f)$ を定義してそれを使って f を分類したりするのであるが，それを最初に Hasse がやったのを踏襲して書いたものがほとんどで，その初等教科書もそうであって，それはよくないのである．

より自然な不変量を Eichler が導入したが，彼の本は難解でそれを採用した人はほとんどいなかった．そこで私はそれを使っていくつかの論文を書いた．特に［S10］には代数的整数論の初歩を入れて Eichler の不変量を定義し直して二次形式の入門書を書いたが，残念なことに完全に初等的にはなっていない．しかし二次形式論に興味のある読者は［S10］を一見されたい．

いずれにせよ二次形式論を本式に学ぶにはいちおう類体論を局所類体論を含めて知っておいた方がよい．急がば廻

れである．[好] の第 4 章に，初等整数論をやるにはまず群とか環の一般的理論を学んだ方がよいのであり，同じ原理はもっと高いレベルでもある．教える方もそうした方がよいと書いた．

　二次形式論について上の人名の列のような列を作ろうとすればできるかも知れないがまあその必要はなかろう．[重] の第 9 章に入れた私の英文の [S06] にはいくつかの新らしい考え方が古典的な結果との関連において示されている．それで大体の歴史的背景はつかめると思う．古い日本語の本に頼っていてはいけない．

附録1. 谷山豊全集について

　『谷山豊全集』にはふたつあって，ひとつは 1960 年頃谷山の友人達が寄附金を集めてどこの出版社にも関係なく作って，寄附金を寄せた人だけに頒布したものである．そのいきさつはあいまいながらその「あとがき」に書いてある．

　もうひとつは『増補版谷山豊全集』として 1994 年に日本評論社が発行したもので，そのいきさつはその増補版の終りに「増補版あとがき」にいちおう書いてある．そして始めの物の「あとがき」は増補版に「初版あとがき」として入れてあるがこれには問題がある．だいいち，「初版」とはある出版社が自分の所で出した物のあとさきの区別に使う言葉である．甲社版，乙社版はよい．しかし，よそで造って出したものをはじめから自分の所で出したように何の説明もなく「初版」と呼んだのはこの日本評論社のより以前には見たことがない．この場合「友人刊行版」とでもすべきであった．

　その「友人刊行版」のあとがきにははっきり書いてないがもう一度強調すると，それは何の出版社にも関係なく，いわゆる subscription を求めて，subscriber にだけ,

寄附金の多寡に関係なく一部ずつ贈呈したものである．そして各subscriberの名前と各人が出した金額のリストが一枚の紙に印刷されてそえてあったのである．

今ではもう忘れられたと思うが安倍亮（1914-45）という数学者があった．安倍能成の息子で彌永昌吉の妹婿であったと思う．亡くなった時には東京文理科大学で教えていた．1950年にこの人の論文集『位相数学研究』が岩波書店から刊行された．書簡も入っていたと思う．あまり厚くなく谷山全集よりは分量が少なかった．さて我々が谷山全集の計画をした時にはこの論文集がおそらく意識にあったと思う．つまり，何の権威にも商業出版社にも頼らずに自分達の手で世界中に示したいということである．

「友人刊行版」について少しつけ加える．私は谷山の英文でおかしい所をかなり直した．私はそこにもあるように編集委員のひとりで，つまりeditorであったからeditする義務があったのである．実際欧米のsubscriberもかなりあって，私も手紙を何通も書いたから，みっともない物にしたくなかったのである．独文の物を入れなかったのは私の判断で，守屋美賀雄の意見を聞いてそうした．それに彼の英文の論文だけで十分でもあった．

増補版を出す前に日本評論社から私にも編集委員にならないかと言われたが私は断った．私が責任を取れるような結果がでるとは思われなかったからである．この私の判断は結局の所正しかった．

しかしあまり知らぬ顔をするのも，と思って「近代的整

数論」の第 1 章を入れることだけすすめた．そのことは「増補版あとがき」に書いてある．（そのあとがきに私は関係ない．）その書の序文は私の筆であるから谷山とは関係ない．

私の日本数学会から出した "Complex multiplication of abelian varieties and its applications to number theory, 1961" を「近代的整数論」の英語版だとその増補版に書いた人物がいるが，それはとんでもない誤りである．2 冊ならべてくらべてみればすぐわかる．これについては別の所に書いたからこれ以上書かない．ただ，その人物はほかにもいろいろ変なことを書いているとは注意しておく．その英文の書には Taniyama の名前がついてはいるが，彼が責任を取るべき物はそのタイトルだけで，それは「記念のために」私がそれを採用したのであった．

友人刊行版の編集会議は 1959-60 年の冬に谷山清司（豊のすぐ上の兄で医師をしていて当時東京に住んでいた）の家で行われた．久賀道郎，山崎圭次郎と私はたいていそこにいたがほかの人はおぼえていない．四人だけでこたつにあたりながらであった．佐武一郎はその時はまだアメリカにいた．いずれにせよ彼は谷山とはほとんど交渉がなかった．杉浦光夫はその頃は何の関係もなかった．それ以外には私はおぼえがない．

たいていの人が自分の死後発表してもらいたくない手紙を書いていると思うが，谷山の場合もそういう手紙が何通かその受取人から送られて来ていたが，常識に従って私達

はそれを入れないことにした．どういう物を入れるか，原稿の整理は大体その四人できめたが，その後の実務にはあとがきにある何人かが協力した．私はそのうちに大阪に移ったので，あまり実務が出来なくなった．

この友人刊行版について書くと，箱入りで総頁数322，奥附も何もない．寄附金を出した人のリストが一枚の紙にプリントしてその本にはさんで送られたのであったが，いまそのリストが手元にない．あるといろいろ面白い考察ができるのであるが．ドルで送金した人がかなりあって当時まだ1ドル360円であったし，日本はインフレになっていなかったから集めたお金で本を作るのに十分足りた．その余剰金を谷山清司が保管していたが，それの処分について彼の私への1975年8月12日と12月16日の手紙がある．8月のは豊の17回忌に追悼会をするから出席するかあるいはmessageを寄せてほしいというもので，12月16日のは，実際11月16日に何人か集まり，messageも何通か来たという報告である．私はPrincetonから4頁ばかりのmessageを送った．その内容の大部分は下記の私の英文の中に入れたが入れなかったことがある．そのmessageの中で，「彼は根本的に鬱の人」であったと書いたことである．これはおそらく間違っていない．

会は渋谷あたりで開かれたらしくその費用に上記の余剰金をあてたとある．谷山清司は結局谷山家をついだような形になってその頃は埼玉県騎西に住んでいた．

谷山豊についてもう一言つけ加えると，彼は数学でも日

常生活でもひとりにしておけないような面があった．誰かついていて助けてやらないとまともに生きていけないような面があった．そういう人にありがちなように彼はそれを自覚していなかった．

　私がロンドンの雑誌に発表した

Yutaka Taniyama and His Time, Bull. London Math. Soc. 21 (1989), 186-196 (=Collected Papers, IV, [89a])

の成立についてはすでに私の『記憶の切繪図』に書いた．そこに「私にはこれ以上書けない」と書いてあり，それはどうとも取れるが，実は「私には知っていることがあるが書けない」という意味もある．

　上記の英国の雑誌は数学の論文ばかりでなく obituary をのせる．それに私の文章のスタイルが英人好みだろうと思って送ったのであるが，それはその通りにうまくいった．私は Brian Birch と親しかったので彼を通して原稿を送った．

　私の指導で Princeton で博士論文を書いたある女性はこれを読んで，こう言った．彼女達はデイトするのは大体きまった一対一のものだけで，私や谷山などが五人とか六人で食事したりしている自由な感じが珍らしく，何となくうらやましいように思えた，というのである．たしかに随分のんびりして窮屈でない男女のつき合いがあった．それが皆結婚適齢期だったのだから面白いとも言える．

　なお Simon Singh の Fermat に関する本の中での谷山

に関する英文の記事はすべて私の上記の英文からそのまま私に断りもなく抜き取ったもので，剽窃と言ってよいのである．今は私のCollected Papersはオンラインで無料で読めるし，またそれより前から簡単にBull. London Math. Soc. がオンラインで読めたからその剽窃もはっきりわかる．実際copyrightはLondon数学会にあるのだから，その著作権の侵害でもあった．

　不愉快な話を書いたから滑稽な話を終りに入れよう．その英文の中に，1959年の夏の暑い日に（たぶん8月始め）埼玉県の騎西にあった谷山家を私が訪れたことが書いてある．その時私は東京に帰って来ていて，久賀道郎，清水達雄，山崎圭次郎などと共に谷山豊のお墓参りをしたあとで谷山家を訪れた．彼が自殺したのは前年の11月でその時私はPrincetonにいた．

　ともかく，その夏の日谷山家で豊の長兄（谷山清司の上の兄）が私にお嫁さんの世話をしようとしてその話が書いてある．当時よく知られていたある画家の娘をどうだろうというのであった．私はその時すでに婚約していて，そのほぼ二週間あとに結婚したが，それはたぶんその席にいた私以外の人は誰も知らなかったし，私もだまっていた．そのことをその英文に面白おかしく書いてあるが，そこに書かなかったことをひとつつけ加える．

　豊の長兄が言うにはその画家はもう絵を書いても売らずに，みんなその娘に残してやろうと考えている，つまりもし私がその人と結婚すれば，有名画家の絵が沢山私の手に

入ることになるというように私の気をひいたわけである．
「うまく言うものだなあ，谷山豊には似合わぬお兄さんだなあ」と今でも思い出しておかしくなるのである．

附録 2. ふしぎにいのちながらえて

　私は病院のベッドで夜を過ごすという経験をしたことが三回ある．すべてプリンストンの病院である．最初の時は1990年の2月で，それまではそこの病院や日本の病院に行ってそこの医者に診てもらうことはあったが，いわゆる入院をしたことはなかった．

　大腸に腫瘍ができて悪性のものではなかったが，その部分を30センチばかり切除した方がよいと医者が言うのでその意見に従い，入院してその手術を受けた．この時はあらかじめ日取りがきまっていて，それなりの用意をして行ったからあわてることもなかったが，やはりはじめてのことでいろいろ面白い経験をした．

　はじめの何日間かはふたり部屋だったか三人部屋だったか，隣りにいた男はどうも頭がおかしかった．病院の食事は前もって注文表を渡されて，その中の自分の好むものに印をつけるのであるが，この男はつけられる所全部に印をつけ，それが来ると半分ぐらい食べて食べ残しをどこかにかくしておき，夜中に食べるということをやっていた．そのほかにも変な行動があって，私は正直に言って同室にいることがこわかったのである．あとでひとり部屋に移った

時はほっとした．

その男の所に親族のような人が見舞に来ることもなかったが，ひとり，親族ではなく，どういう関係かわからなかったが，その男の世話をしていたらしい五十歳前後の女が来ることがあった．そして男が何かの検査でそこにいなかった時，男の食べ残していった物を調べて，それを自分が少し食べてみたりしていた．そして「ここの食事はなかなかよい．私はよその病院で働いていたことがあるからそれがわかる」などと言っていた．私の方は手術の前後で何も食べさせられていなかったからどうでもよかったが，のちに病院の食事は重要な問題であることを知るようになった．しかしそれはずっとあとの話である．

手術そのものは四時間ぐらいだったと思う．もちろん全身麻酔で，麻酔が始まったと思うと瞬間的に意識がなくなり，完全に無の世界に入ってしまった．何か夢でも見るかと思っていたがそれもなかった．麻酔から覚める時も徐々にではなく急に覚めて，猛烈な痛みで覚まされた感じであった．頼めば痛み止めの注射を何度でもしてくれる．それがどの程度きいたか，今となってははっきりしない．

手術のあと医者の回診がある．インターンを四人ばかり引き連れてやって来て，私のブリーフの前を引っ張ってみてずい分ゆるいので「やせましたねえ」と言うから私が「いやこの方がいいんです」と答えてやると皆げらげら笑う．実は私はゆるい方が好きでそうしているのであるがそれは向うにはわからない．ひとついやだったのは，私は寒

がりだから，かけてくれるブランケットだけでは寒くてしょうがない．余計に何枚ももらってかけていた．ブランケットは毛布ではなく，木綿だったと思う．

　入院する前にかなり長い間微熱があってその原因がわからなかった．それがわかるまでの間気をまぎらすためにいろいろのことをした．幸に大学の秋学期が終って春学期が始まる前の期間で用事も少なかったが，それでも予定外のしなくてはならなくなるような仕事ができた．ある学生が学位を取ってどこかに職を得るために推薦状が必要なので，ある教授に頼んだ．普通三通必要でそのひとつである．その教授はいったん承知したのに何もしてくれない．期限もせまっているので私の所に何とかしてくれないかと頼みに来た．私はともかくその教授に電話をかけてみると，怒った声で「できないからできない」と言って電話を切る．そこで「私は今こんな病気で気力がないから十分なことはできないが何とかしてあげる」と言って推薦状を書いた．私はいまだにその教授の心理がわからない．

　このほかにふと思いついてニューヨーク・タイムズの経済面に短文を投書した．「アメリカは日本に物を売りたがっているが，少し考えれば売る商品はいくらでもある」といった趣旨の文章である．そういう記事は内容の当否もさることながら，読み物になっているかどうかが問題で，そのように面白おかしく書いたのである．

　その前後に日本のある小説家の入院体験談を読んだ．癌かその疑いで入院しているのである．たぶん上田三四二の

であったと思うが，彼が病室の窓から外の通りを見ると若い女が元気よく歩いている．自分はこうして死にそうになっているのにあそこには活力あふれて生きている人間がいる云々．つまり健康者に嫉妬しているのである．もっとも作家だから，それらしく大げさに書いていたのかも知れない．私はそれを読んで「何を言っているんだ．死んだらそのときのことで，そんなに気にしたってしょうがないではないか」と思っていた．その作家はその時は死なず，なおしばらく生きていたのではないか．

　手術は予定通りすんで何日かののちに家に帰った．ある朝家内が私に「面白い人が死んだのよ．誰だかあててごらんなさい」と言う．私が寝てしまったあとでテレビで見たのである．私は少し考えて「わかった．フォーブズ（Forbes）だ」と答えると「そう，大当り」と言った．私は家内が「面白い人」と言うからそんな人物ぐらいしか思いつかなかったのであるから何のふしぎもない．

　そうか．フォーブズが死んだか．彼はフォーブズという自分の名を冠した経済の雑誌を出していて，それが当時三大経済誌のひとつに数えられるほどに成功していた．精力があり余るというタイプの人間で，日本を含めて世界中をオートバイで駆けめぐったり気球に乗ったりするたしかに面白い人物であった．まだ七十歳にしかなっていなかった．一方私は六十歳を少し越えたばかりであった．入院後であったから強く印象に残ったのである．

　今ではフォーブズの雑誌は彼の長男がついでやっている

が，まったくつまらない雑誌になってしまった．その息子は過大な自信を持っていて大統領候補になろうとしたりしたが全然内容のない人間である．だから落語式に言えば，本当に「惜しい人を故人にした」のであった．

　それからまた何日かたったある日の朝電話があったので出てみると「ニューヨーク・タイムズの私の投書を読んで面白かった」と言う．「いつのか」とたずねると「今日ので今自分の鼻の下にある（これは英語で普通の表現）」と答えるからさっそくしらべるとその通りちゃんとのっている．その男は投資会社の者で，私に何か投資させようということらしかった．適当に相手をしてそれはそれだけの話であったが，こちらは暇つぶしの投書で気にもしていなかったのでいささか意外でもあった．その投書のコピーを親しい友人に見せて話の種にすることができた．推薦状を頼みに来た学生は首尾よくニューヨークの一流大学に職を得て喜んでいた．

　フォーブズで思い出すことがひとつある．二年ぐらいあとの話だと思う．その雑誌の終りの方に四，五人のコラムニストの投資家向けのコラムがあって，そのひとつは何と言ったか忘れたが，いかにも学術的に聞える標題で，当のコラムニストは博士号を持っていることになっていた．

　その男は実はプリンストンの大学院にいたことがあって，私がプリンストンに教えに来て最初の頃の博士論文の指導をしたC君と同期であった．私はその男のことをおぼえていなかったが，C君が私に話した所によれば，そ

の男はいつもでたらめばかり言っていて，結局プリンストンでは博士号はおろか何の学位も得られなかったのである．それが二十何年かのちにはフォーブズのような一流雑誌のコラムニストになったのだから世の中はうまくできている．

面白いことに私がそれに気がついたと同じ頃，何人かの人がやはり気がついて，とうとうニューヨークのある新聞の記事になり，学位詐称があばかれた．その時私はトルコに行っていて，帰って来てから同僚のK教授にその記事を見せてもらった．もちろんフォーブズではそのコラムをやめたが，それについては何の説明もせず，ある号から突然そのコラムが消えたというわけである．その後その男はコロンビヤ大学の数学か何かの大学院に入ったというが，それからどうなったか私は知らない．学位詐称はアメリカでは非常に多いが，それにしてもこの場合，かなりの期間もっともらしいコラムを書いてだまし続けていたのだから恐れ入った話である．

病院の話に戻る．幸に癌ではなく手術もうまく行ったが，そういう手術につきものの癒着が起ったりしてまた開腹手術をしなければならなくなった．それもすんで何とか普通に暮せるようになった．しかしどうしてそんな腫瘍ができたのかと私なりに考えてみた．再発の予防をしたかったからである．病院の医者はそんなことは教えてくれない．ただ一年後に検査に来いと言っただけである．私の結論はこうである．私は花粉症で抗ヒスタミン剤をその季節

になると服用していた．医者に処方してもらったものである．二十年以上春と秋に飲んでいた．「どうもそれが原因ではないかと考える」と，ある薬剤会社につとめている友人の薬学者に言ってみたら，「それはあり得る」と答えた．ともあれ私は手術後その薬はやめて，花粉症の方は薬なしで何とかすることにした．それでも年を取ると何とかがまんできるようになった．一年後の検査も行かなかった．

二回目の入院はつまらないことで一晩だけであったからそれは省略して三回目のを書く．

2011 年の 2 月のことで，突然全身に麻疹が出て熱もあってどうも容易ならぬことのように思われたので病院の急患の所に往った．何の用意もせずあわてて行ったのである．即刻入院となったが，原因がわからず，それをつきとめるのに二日かかった．最初，これは大変だからどこかフィラデルフィアの病院まで行ってそこの専門医に診せなければならないかも知れないなどとおどかされたが，結局そうはならず，プリンストンの病院ですんだ．

私はその少し前に緑内障の手術を受けたのであるが，その時に処方された飲み薬の副作用であるということがわかった．それで二十四時間看護の病室（ICU, Intensive care unit）に三日間入れられた．これこそ知っている人は知っているが，一日に何回も血を取ってしらべたり血圧をはかったりする．栄養をチューブでするのはもちろんである．

私がその ICU の病室にいるときと普通の病室にいると

きとに観察したひとつの事実として，医者は診察に来るが患者と接している時間は非常に短かいということがある．原因がわかればそれに対応するやり方をきめてそれに従い，あとは成り行きを見るということで，特に私の場合など，いったんそうきめたら時間のたつのを待つより仕方がなかったのであろう．こちらは言う通りになっているだけである．幸に経過が順調であったらしいがその間に私はいろいろ観察した．

　ICUにいた時，横になっている私の位置から医者がしていることがよく見えた．診察に時間をかけない代りに，他の医者や看護婦と何か話しているがその時間が長い．その後姿が見えるが何を話しているかわからない．電話で何か説明もしている．それからコンピューターに向って坐って何かしている横姿が見える．たぶん複数の患者のこれまでの記録をしらべたり，また記録を作ってコンピューターに入れているのではないかと推測するのであるが当っているかどうかわからない．処方する薬をしらべているのかも知れない．しかしその時間が非常に長い．

　それから病院の中が非常にうるさいことを発見した．結局その病院に七晩いて，病室は四室変った所にいたが，そのうち静かであったのは一室だけであった．その終りの頃に医師か看護婦が来て「今どこにいるか知っているか」とたずねるから，少しひねって「何号室」と病室の番号を言ってやると不満そうに変な顔をするから，ここはプリンストン病院何々街何番地と言ってやると満足する．

七晩いて八日目の朝医者が来て，起きて病室のドアの所まで歩いてみろと言う．前の日から食事はベッドのわきのテーブルで取っていたから歩いてはいた．ともかくドアの所まで往復させて物を持たせたりする．そんなことをいろいろやらせると黙って出て行った．その少し前，朝食のあと昼食の注文表に印をつけさせたから，昼飯はそこでするつもりでいた．あしたあたり退院だとも言われていた．ところが昼頃やって来てさあ退院だと言う．そこで電話を掛けて家内に車で来るように頼んだ．ともかくあっという間に追い出されるように退院させられてしまった．私はそれで何の不満もなく，もちろん注文した昼飯に未練もなく，病院滞在が七晩ですんだのは幸であった．いわば龍頭蛇尾のようであったが，実は「蛇尾」などと思ったのはとんでもない間違いであることがあとでわかったのである．

　うちに帰ったあと一週間ばかりはベッドにいる時間が長かった．一日の半分ぐらいは起きていたが．眼の手術のあとで目薬は何種類かもらっていた．目の前にあるものは見えるのであるが字が読めないのである．だから読んだり書いたりはできない．入院する前の私の日課は，毎日午前中は英文の原稿を手書きで作り，午後大学に行ってそれをコンピューターのファイルにするというのであった．一冊の本にするつもりで2009年の7月に始めていたのである．その間に［使］を書くという仕事をして，それは入院する前の12月に出版されていた．これは仕事についてだけ書いたのであって，そのほか新聞を読んだり適当にのんびり

もしていたのである．テレビはふだんからあまり見ないが，その頃は眼がよく見えないから特にテレビの前には坐らなかった．

ついでに書くと，私はプリンストン大学を 1999 年 6 月でやめたが，オフィスはそのまま使わせてもらっている．コンピューターも数年前に全職員のが新型のに切り換えられた時に私のも変えてくれた．郵便でも学術的なものなら全部大学の費用でやってくれる．これは私だけでなく，大学の方針で仕事をし続けたい人にはさせてくれるのである．これは別の大学では（あるいは数学科以外では）これほど鷹揚ではない．

そんな日課が全部できなくなってしまった．仕方がないから CD をかけて聴いていた．CD プレイヤーは台所にひとつあって，その反対側で食事をする時に聴くために使い，もうひとつも少し上等なのが客間にある．その客間のソファに坐って聴いていると，その音がすばらしくきれいに聞えたのである．うちのプレイヤーはこんなにきれいな音を出すのであったかとふしぎに思い，いろいろかけて聴いた．それまでは何か読みながら聴いていることがあったが，そうでなく純粋に音楽を楽しむ時間を持ったのである．ふだん家内と食事しながら聴くのはオペラのものが多かったが，その時はそうでなく，室内楽を主に聴いていたが思いがけなくもすばらしい経験をしたのであった．

もうひとつ，味覚が同様に変って，何を食べても天上の珍味のように感じられた．よくない方を書くと，「蛇尾」

どころではない後遺症があって，それは surreal，大げさに言えばミロかダリの絵にもたとえられるような症状で，読者の気持を悪くすると思われるからここには書かない．ひとつだけ書くと手足の爪が全部取れてしまったのである．下から形の悪いのが生えて来る．それがまた全部抜けてまともなのになって，そうなるのに一年ぐらいかかった．

　何週間かたって E メールもできるようになったので，実際上の理由もあって友人達に大体の経過を知らせた．私より若い人ばかりであるが，そのうちの反応のひとつに「薬の副作用でよかった」というのがあった．それは当っていないこともない．どうやらその病院でしらべた限りでは，私は普通の老人のかかる病気つまり糖尿病，心臓や血管の病気などにはかかっていないらしいから喜ぶべきであろう．その私より若い友人達のひとりは癌になりかけて，今は安定しているが，いつも気にしているらしい．もうひとりは脳の血管に何かあるらしく，しょっちゅう医者の世話になっている．だから私の方がましだという考えはたしかに成り立つ．

　私が病院にいる間は家内は不安でたまらなかったようであったが私は自分だけについては不安でも何でもなく，なるようにしかならないと思っていた．ニューヨークにいる娘とワシントンにいる息子がやって来てしばらくいたが，私はうちの中のこと，たとえば室内の温度調節などうまくやるかどうか，その方が気になっていた．「しかしこれで

私が自動車もドライブできなくなると不便で困るなあ」などの不安はあった．

　今これを書いている現在はいちおうドライブもできる．しかし一箇月もすると鋭敏になった耳も舌ももと通りになってしまって残念であった．もっとも眼もだんだんよくなって来て読み書きもできるようになったからあまり文句も言えない．しかしその進歩の速度は非常にゆるやかなものであった．英文の数学の本 [S11] を書く仕事も続けることができるようになったが，始めの計画の規模をよほど小さくして，ともかくその年の7月中頃に原稿を書き上げた．

　私の不養生のせいではなく，医者がまずい処方をしたのだから「ひどい目にあった」という形容があてはまるが，それでも回復して仕事も何とかできるようになったのだから，他人から見れば「たいしたことではないじゃないか」と言うかも知れない．死ぬなどとは思わなかったが死という可能性はいつでも誰にでもあるから，まったく考えの外においておくわけにもいかない．

　私はあのときまかり間違えば死んだかも知れないという状況に身を置いたことが三回ぐらいある．戦争中の空襲がそのひとつである．それでも深刻に死を考えたことはない．考えても無駄だからである．また私は宗教というものには関心があり，いろいろ考えることはあるが，特定の宗教への信仰心などない．

　病院で横になっていて気をまぎらせるためにいろいろ考

えていた．[使]の中に書いた数学者の数はどのくらいになるだろうと頭の中で数えて見る．これはかなりある．日本の神社の中では八幡様が一番多いということで，次が稲荷か天神か．しかし甲町の八幡と乙村の八幡とは同じ神様なのか違う神様なのか．神主さんに聞いたら教えてくれるだろうが，たいていの日本人はそんなことは気にしないのではないか．いわば「誰も知らない」ということか．

中国には「関帝廟」というのが数多くあって，「三国志」に出て来る将軍関羽を祀ってある．それについて今八幡様について私が書いたのと同様な疑問を持った中国の人がいる．その答が『子不語』という清の時代の本にあって次の通りである．「各関帝廟ごとに天帝が任命した「神」がいて，それぞれの廟での祭りを享ける．」つまり関帝の代理が大勢いるということらしい．八幡様の場合はそうではなく，レプリカのようなものではないか．

病院に一週間いて死ぬなどとは思わなかったが，退院してうちに帰った時に頭に浮かんだ言葉は「ふしぎに命ながらえて」であった．これは「ここはお国を何百里，はなれて遠き満洲の，赤い夕日に照らされて，友は野末の石の下」という歌のあとの方に出て来る歌詞である．戦友は戦死してしまって，自分も同じ運命に従わなければならなかったかも知れないのに，どういうわけか生きのびているという感慨をのべているのである．

私の場合，一時はかなりの重態であったが一週間の入院ですんだのは幸運でもありまたふしぎであったとも言え

る．実際，私と同じ時に入院していた人の中には不幸にして命を失った人もあったと思われる．だからそんな歌の文句が思い浮かんだのである．

前の大腸切除の時も今度のも，私がアレルギー体質だからそうなったと考えられ，その体質は変っていないのだからまたいつかひどい目に会って死ぬかも知れない．

やがて日数もたって暖かくなった５月のある日家内と共にニューヨークのオペラに行った．それができるぐらいに回復したのである．と言ってもプリンストンからオペラに行くのはけっこう手間がかかる．夜のプログラムは帰りがおそくなるから土曜のマチネーである．朝九時半頃にうちを出て電車でニューヨークのペンステイションに行き，それから地下鉄に乗りオペラハウスの近くまで行ってイタリア料理の小さなレストランで軽い昼食をとる．たいていニューヨークに住んでいる娘といっしょである．

優雅な話だと思う人もいるかも知れないがそうではないのである．まずオペラがすんで帰って来ると午後六時半か七時頃になる．だからほとんど一日がかりである．オペラは一年に七回か八回の切符を前もって入手してあり，そうするようになってから二十年以上になる．以前は開演が午後一時半であったからその前に五番街の書店などに寄ってからでも十分間に合ったが，それが一時になってしまってできなくなった．

その上プリンストンからニューヨークまでの電車はほとんど毎回おくれる．雨も雪も降っていない晴天で風も吹い

ていない日でもそうである．電車が来たから乗ろうとするとドアが開かない．三両先のドアから乗れと言うからあわてて走って乗る．何とかニューヨークの駅についてプラットフォームから上に行くエスカレーターに乗ると狭くてひとりずつである．動いていたかと思うと突然止まる．地下鉄もこの先の駅はどこそこまで止まらないからそこまで行って戻って来いなどと言う．「こんなケチな国と戦争してどうして負けたんだろう」と言うと私のアメリカの友人達は笑って「ほんとにそうだ，今やったら勝てるかも」と答える．もっともこういうことをうっかり日本で言うと誤解されるだろう．実際これはアメリカの現状について言っているのであって日本については何も言っていないのである．

だから時にはこんな手間をかけてオペラ通いするのもばかばかしいと思うこともある．それでも「気が変るから」とか言い訳しながら行く．もっとも江戸時代の山の手の住人（たとえば夏目漱石の祖先）の歌舞伎見物はこれ以上の手間をかけていたのではないか．

家内は生れ替ったらテナー歌手になってオペラで唱いたいという願望を持っている．どういうわけかソプラノではなくてテナーなのである．私達の友人J君は本格的に毎週歌のレッスンを取っていて，定年退職後その回数を週一回から二回にふやした．やはり生れ替ったらオペラ歌手になりたいと思っている．だから家内の望みを聞いて喜んで「うん，それじゃ，その時はいっしょに唱おう」と言って

くれた．

　家内はどういうわけかマーラーが好きである．マーラーの曲が好きなのではなく人間が面白いからと言って伝記をいろいろ読んで面白がっている．つまりマーラーのゴシップを楽しんでいるのである．

　家内はそのくせ突然台所で「足柄やーまの金太郎，くーまを集めてすもうのけいこ，はっけよいよい，のーこった」などと唱いだすことがある．金太郎のオペラなどはないだろう．もっとも坂田の金時が出て来る歌舞伎はあるような気がするし，ヘンゼルとグレーテルというオペラもあるから金太郎のオペラを作ってみることも考えられる．

　私はというと童謡の中では「昔丹波の大江山，鬼共多くこもりいて，都に出ては人を喰い，金や宝を盗み行く，源氏の大将頼光(らいこう)は，時の帝(みかど)のみことのり，お受け申して鬼退治」というのが好きである．歌詞の方は鬼退治で単純明瞭であるがそれはまあどうでもよく，詩情がどうのということも考えずに単に曲が好きなのである．この曲は行進曲風で，あまり童謡にはない調子であって，その堂々たる行進曲のリズム感が私の気分に合うのである．そんなことを言ったら家内は「あらそうお，じゃあお葬式の時にかけてあげるわね」と反応した．

　なるほど，それもいいか．読経も焼香も終って会葬者が帰るとき，あるいは出棺するとき，いきなり「昔丹波の大江山……」とやり出したら皆びっくりするだろう．歌詞なしの曲だけでやるのである．

いったい葬式の時に音楽を奏するのはどんなものか．故人の希望に添う場合もあるのだろうが，私はまあない方がよいのではないかと思っている．私はいったい儀式というものはきらいである．まあ自分の葬式は自分がやるわけではないからどうでもよく，だから「大江山」も仮想に過ぎない．ただこんなことも考える．

　狂言の演目に「朝比奈」というのがある．朝比奈三郎義秀が「無常の風に誘われ」冥途に赴く途中で閻魔大王に出合う．大王は三郎を地獄に連れて行こうとするができない．三郎の何者であるかを知って和田軍のいきさつを語れと言う．三郎は承知して，仕方話で語って聞かせる．その仕方話の中で大王を左右にころばしてもてあそぶ．結局朝比奈三郎は閻魔大王を家来にして先導させ極楽浄土に往くのである．

　だから私も大江山の鬼共か閻魔大王のどちらでもよいが，それを先導にして「大江山」の行進曲に合せて極楽か地獄に行進して行く，そんな状景を思い浮かべるのである．

文　献

　本文中では［WW］のように記号で書いたり，標題その他をすべてそこに書いたものもある．それらを統一しようとせずにここにその一部を表として附記しておく．なお前三著にもそれぞれ表があるから共に参照されたい．何度も言うが，日本の人は日本語で書かれた物あるいは日本人の書いた（欧文の）物だけに頼る傾向があるが，それはよくない．すべてに通暁することは不可能であるが，ある分野について何か言う時にはその分野の基本的文献を知っている必要がある．「日本で生れた類体論」のたぐいはまだある．注意されたい．

　［H84］S. Helgason, Groups and Geometric Analysis, Academic Press, 1984.

　［S90］G. Shimura, Invariant differential operators on hermitian symmetric spaces, Ann. of Math. 132 (1990), 237-272 (=Collected Papers, IV, 68-103).

　［S97］G. Shimura, Euler Products and Eisenstein Series, CBMS Regional Conference Series in Mathematics, No. 93, Amer. Math. Soc., 1997.

[S07] G. Shimura, Elementary Dirichlet Series and Modular Forms, Springer, 2007.

[S10] G. Shimura, Arithmetic of Quadratic Forms, Springer, 2010.

[S11] G. Shimura, Modular Forms: Basics and Beyond, Springer, 2011.

[WW] E. T. Whittaker and G. N. Watson, A Course of Modern Analysis, 4th ed., Cambridge, 1927.

本書は「ちくま学芸文庫」のために書き下ろされたものである。

数学という学問 III　志賀浩二

19世紀後半、「無限」概念の登場とともに数学は大転換の時を迎える。カントルとハウスドルフの集合論、そしてユダヤ人数学者の寄与について。全3巻完結。

現代数学への招待　志賀浩二

「多様体」は今や現代数学必須の概念。「位相」「微分」などの基礎概念を丁寧に解説・図説しながら、多様体のもつ深い意味を探ってゆく。

シュヴァレー　リー群論　クロード・シュヴァレー　齋藤正彦訳

現代的な視点から、リー群を初めて大局的に論じた古典的著作。本邦初訳。導いた諸定理はいまなお有用性を失わない。
（平井武）

現代数学の考え方　イアン・スチュアート　芹沢正三訳

現代数学は怖くない！「集合」「関数」「確率」などの基本概念をイメージ豊かに解説。直観で現代数学の全体を見渡せる入門書。図版多数。

若き数学者への手紙　イアン・スチュアート　冨永星訳

数学者になるってどういうこと？ 現役で活躍する研究者が、経験豊富な実体験から「数学との付き合い方」から「してはいけないこと」まで。
（砂田利一）

飛行機物語　鈴木真二

なぜ金属製の重い機体が自由に空を飛べるのか？ その工学と技術を、リリエンタール、ライト兄弟などのエピソードをまじえ歴史的にひもとく。

集合論入門　赤攝也

「ものの集まり」という素朴な概念が生んだ奇妙な世界、集合論。部分集合・空集合などの基礎から、丁寧な叙述で連続体や順序数の深みへと誘う。

確率論入門　赤攝也

ラプラス流の古典確率論とボレル－コルモゴロフ流の現代確率論。両者の関係性を意識しつつ、確率の基礎概念と数理を多数の例とともに丁寧に解説。

現代の初等幾何学　赤攝也

ユークリッドの平面幾何を公理的に再構成するには？ 現代数学の考え方に触れつつ、幾何学が持つ面白さも体感できるよう初学者への配慮溢れる一冊。

ガロワ正伝	佐々木力	最大の謎、決闘の理由がついに明かされる!難解なガロワの数学思想をひもといた後世の数学者たちにも迫った、文庫版オリジナル書き下ろし。
ブラックホール	佐藤文隆/R・ルフィーニ	相対性理論から浮かび上がる宇宙の「穴」。星と時空の謎に挑んだ物理学者たちの奮闘の歴史と今日的課題に迫る。写真・図版多数。
はじめてのオペレーションズ・リサーチ	齊藤芳正	問題を最も効率良く解決するための科学的意思決定の手法。当初は軍事作戦計画として創案されたが、現在では経営科学等多くの分野で用いられている。
システム分析入門	齊藤芳正	意思決定の場に直面した時、問題を解決し目標を達成する多くの手段から、最適な方法を選択するための論理的思考。その技法を丁寧に解説する。
数学をいかに教えるか	志村五郎	「何でも厳密に」などとは考えてはいけない――。世界的数学者が教える「使える」数学とは。文庫版オリジナル書き下ろし。
数学をいかに使うか	志村五郎	日米両国で長年教えてきた著者が日本の教育を斬る!掛け算の順序問題、悪い証明と間違えやすい公式のことから外国語の教え方まで。
通信の数学的理論	C・E・シャノン/W・ウィーバー 植松友彦訳	IT社会の根幹をなす情報理論はここから始まった。最先端の分野に、今なお根源的な洞察をもたらす古典的論文が新訳で復刊!
数学という学問I	志賀浩二	ひとつの学問として、広がり、深まりゆく数学。数・微積分・無限など「概念」の誕生と発展を軸にその歩みを辿る。オリジナル書き下ろし。全3巻。
数学という学問II	志賀浩二	第2巻では19世紀の数学を展望。数概念の拡張によりもたらされた複素解析のほか、フーリエ解析、非ユークリッド幾何誕生の過程を追う。

ちくま学芸文庫

数学をいかに教えるか

二〇一四年八月一〇日　第一刷発行
二〇二一年八月二十五日　第四刷発行

著　者　志村五郎（しむら・ごろう）
発行者　喜入冬子
発行所　株式会社　筑摩書房
　　　　東京都台東区蔵前二-五-三　〒一一一-八七五五
　　　　電話番号　〇三-五六八七-二六〇一（代表）
装幀者　安野光雅
印刷所　大日本法令印刷株式会社
製本所　株式会社積信堂

乱丁・落丁本の場合は、送料小社負担でお取り替えいたします。
本書をコピー、スキャニング等の方法により無許諾で複製することは、法令に規定された場合を除いて禁止されています。請負業者等の第三者によるデジタル化は一切認められていませんので、ご注意ください。

© GORO SHIMURA 2014　Printed in Japan
ISBN978-4-480-09630-2 C0141